新工科

面向新工科的电工电子信息基础课程系列教材

教育部高等学校电工电子基础课程教学指导分委员会推荐教材

C语言程序设计简明教程 学习辅导

杨吉斌 主 编

张 睿 副主编

李志刚 王彩玲 王家宝 编 著

李 阳 白 玮 雷小宇

U0252757

清华大学出版社

北 京

内 容 简 介

本书是《C语言程序设计简明教程》的配套指导书,通过对习题的系统讲解和实验课题的设计,有效弥补了理论教程因篇幅限制而无法提供丰富的编程实践练习的缺憾。通过对理论难点的讲解、循序渐进的实验任务设计,本书期望能够为读者更深刻地理解C语言程序设计、提升编程实践能力提供帮助。

全书分为两部分,围绕C语言程序设计的重难点知识展开。第一部分是学习辅导,共8章内容,分别对应理论教材各章内容,不仅对理论教材中的各类习题给出了系统、详细的解答,还提供了一些精心挑选的补充习题以方便读者对知识进行巩固、强化。第二部分是实验指导,也是8章内容,与理论教材章节对应,每章都提供了典型的编程实践练习供教学使用,同时提供了丰富的编程课题可供自学。附录部分补充了参考试卷和编程中常见的编译错误解析,供读者自测和参考。

本书配有习题和实验课题的源代码、实验教案,读者扫描二维码即可免费下载。同时,本书的实验课题在头歌实训平台上有对应的实训项目,读者可以依托该平台开展练习。

本书可与理论教材配套,供高等院校各专业的"C语言程序设计"课程教学使用,尤其适合非计算机专业的程序设计课程教学;也可作为自学实验教材,供程序设计爱好者和科研工作人员自学参考。

图书在版编目(CIP)数据

C语言程序设计简明教程学习辅导/杨吉斌主编.—北京:清华大学出版社,2022.2(2025.1重印)
面向新工科的电工电子信息基础课程系列教材
ISBN 978-7-302-60064-0

Ⅰ.①C… Ⅱ.①杨… Ⅲ.①C语言–程序设计–高等学校–教材 Ⅳ.①TP312.8

中国版本图书馆CIP数据核字(2022)第012753号

责任编辑:文 怡 李 晔
封面设计:王昭红
责任校对:韩天竹
责任印制:刘海龙

出版发行:清华大学出版社
  网 址:https://www.tup.com.cn,https://www.wqxuetang.com
  地 址:北京清华大学学研大厦A座   邮 编:100084
  社 总 机:010-83470000   邮 购:010-62786544
  投稿与读者服务:010-62776969,c-service@tup.tsinghua.edu.cn
  质量反馈:010-62772015,zhiliang@tup.tsinghua.edu.cn
  课件下载:https://www.tup.com.cn,010-83470236
印 装 者:三河市铭诚印务有限公司
经 销:全国新华书店
开 本:185mm×260mm   印 张:16.75   字 数:378千字
版 次:2022年2月第1版   印 次:2025年1月第4次印刷
印 数:6001~6500
定 价:49.00元

产品编号:095953-01

本书是《C语言程序设计简明教程》的配套指导书。

学习程序设计语言,最好的方法就是在实践中学习。不经过实践,理论知识只能停留在知识层面,很难转化为编程的实践能力。因此,为了便于广大读者更好地在编程实践中学习C程序设计语言,我们在理论教材的基础上,进一步对编程习题和实验课程进行了设计,形成了本书的主要内容。全书分为两部分:第一部分是学习辅导,第二部分是实验指导,均为8章,章节主要内容与《C语言程序设计简明教程》中的各章相对应。在课程教学中,可以根据教学进度的需要,灵活选择各章节的习题练习和实验内容,安排与理论教学相匹配的习题课和实践课,以支撑课程教学和读者自学。

本书的内容设计主要突出了以下主导思想:

1. 重视基础知识和程序设计过程的讲解

不论是学习辅导,还是实验指导,在给出标准答案和参考代码的同时,都提供了详尽的理论分析以及知识提示,对易错知识点进行解析,对关键语句的设计进行引导。同时在每个实验中都给出了对应的典型错误辨析,附录中还列出了常见的编译错误和改正方法。这些讲解,可以帮助读者独立解决学习过程中遇到的问题,提升课后自主学习编程的效果。

2. 注重编程思维的训练

学习编程语言的重点是什么?是记牢一门语言的知识点,还是怎么用语言来设计各种各样的程序?对于非计算机专业的学生来说,可能重点是在后者。而对计算机专业的学生来说,对编译工具的研究,对数据结构、算法设计的研究,同样要以熟练编程为基础。编者认为,编程不仅是写代码的过程,而是针对待解决的问题,准确理解问题的要求,并遵循要求思考解决方案,这个思维的过程才是日常编程训练的重点。只有做到胸有成竹,才能在写代码的时候"下笔如有神"。在本书实验的内容设计上,不论是对大任务还是小课题,都尽可能指明实验目标,同时给出了较为详细的实验要求,并通过知识提示引导读者做深入的思考。这种设计有助于读者更好地训练自己的编程思维。

3. 精编补充习题和参考试题

在本书的编写过程中,编者参考了许多C语言学习资料,包括各类教材、网络学习教程、计算机等级考试辅导资料等,对课程学习中的重难点问题进行了归纳,并针对每章内容汇编了典型的补充习题和参考试题,帮助读者及时复习巩固理论学习成果,节省自行查阅其他资料的时间。

4.扩展实验任务的类型

在每章实验内容之后,进一步补充了若干研究性小实验,同时还提供了一些有趣的实验课题,供学有余力、感兴趣的读者选做。这些实验不仅可以深化已学知识,更有利于激发读者的学习积极性,提高其动手能力和分析解决问题的能力,增强创新意识。

本书由杨吉斌、张睿负责构思和内容编排设计。第1~8章分别由张睿、王彩玲、王家宝、杨吉斌、李志刚、李阳、白玮和雷小宇提供基本素材。第10章、第11章、附录A由杨吉斌、王彩玲编写,第9章、第13章由杨吉斌、李志刚编写,第12章、第14~16章、附录B由杨吉斌编写。全书由杨吉斌、张睿统稿。

因编者水平有限,书中难免存在各种疏漏和错误,欢迎各位读者发送邮件(tupwenyi@163.com),及时指出存在的问题并提出意见和建议,以便我们持续改进。

本书配套MOOC已在"学堂在线"上线,搜索编者"张睿",即可找到对应的"C语言程序设计"课程,开始在线学习。

编　者

2024年1月于南京

目录

目录

附　　录

第一部分

学习辅导

第1章

我们与计算机对话

1.1　习题解析

1.1　阐述计算机的组成结构以及各部分的功能。

参考答案：计算机由硬件和软件两部分组成，硬件是计算机的"躯体"，软件是计算机的"灵魂"。

（1）硬件包括控制器、运算器、存储器、输入设备和输出设备。控制器是计算机的中枢神经，协调计算机各部分的工作。运算器是计算机中执行各种算术运算和逻辑运算操作的设备。运算器和控制器统称为中央处理器(Central Processing Unit,CPU)。存储器是计算机用来存储数据的设备。输入设备是向计算机输入数据的设备，输出设备是用于接收计算机数据的输出显示与打印以及控制外围设备等。

（2）计算机的软件是指计算机系统中的程序和文件。软件部分由系统软件和应用软件两部分组成。软件控制着硬件设备的运转，让键盘和鼠标等输入设备接收我们的指令和数据，输送到内存等存储设备中，然后提交给 CPU 运算，经过 CPU 计算后的数据可以以文件的形式存储到硬盘中，也可以通过显示器和打印机等输出设备显示出来。

1.2　什么是计算机语言？机器语言、汇编语言和计算机高级语言有哪些区别？

参考答案：计算机语言是用于人与计算机之间传递信息的语言。

机器语言是计算机可以直接理解和执行的程序语言，它是用二进制代码表示的一种机器指令集合。汇编语言是一种用于电子计算机、微处理器、微控制器以及其他可编程器件的低级语言，亦称为符号语言。计算机高级语言是指与机器语言、汇编语言这些低级语言相比，采用便于人类理解的方式而设计的计算机语言。

机器语言、汇编语言和计算机高级语言的相同点是它们都可以用于编写计算机程序；不同点是机器语言和汇编语言较难理解，高级语言比较容易理解，汇编语言和计算机高级语言都需要翻译成机器语言后才可以由计算机执行。

1.3　什么是指令？什么是程序？什么是结构化程序设计？

参考答案：指令又称机器指令，它是一条计算机能够直接执行的、不能再分割的命令。指令由操作码和操作数两部分组成。

程序是一组计算机能够识别和执行的指令的集合。

当问题比较复杂时，我们会采用"分而治之"的策略，把大问题分解成小问题，把小问题再分解成更小的问题，直到分解的问题容易求解。这种分解的策略，在程序设计中又称为"自顶向下"的结构化程序设计方法。

1.4　什么是算法？算法的描述方法有哪些？它们各有什么特点？

参考答案：算法就是解决问题的步骤和方法。对计算机来说，算法必须是能够用程序来实现的方法。

算法的描述方法有自然语言、流程图、计算机语言和伪代码等。自然语言描述的算法容易理解但是不够严谨，流程图比较严谨也更加直观、易于理解，计算机语言描述的算法更适合于程序员之间进行交流，伪代码是介于自然语言与计算机语言之间的一种相对严谨、相对容易理解的描述方法。

1.5 简述算法与程序之间的关系。

参考答案：算法就是解决问题的步骤和方法。一般而言，它是指一种抽象的计算过程。

程序是一组计算机能够识别和执行的指令的集合。一般而言，它是指可以执行的具体的代码，包括利用高级语言编写的源文件、机器语言文件等。

在计算机科学中，通常认为程序由数据结构和算法构成。即程序需要利用数据结构管理数据，利用算法处理数据。在编写程序之前，一般要对程序中的算法进行设计与描述，再对算法进行程序实现，这样可以避免程序编写的盲目性，提高程序编写的效率。

1.6 简述程序的基本结构。

参考答案：每个 C 程序都由一个或者多个源文件构成，每个源文件中可以包含若干函数，但是所有的源文件中只能有唯一的 main 函数。

程序从 main 函数开始执行，调用别的函数来实现所设计的各种功能，调用结束后返回到 main 函数中。程序最终在 main 函数中结束。

1.7 编写程序的一般步骤有哪些？每个步骤完成什么任务？

参考答案：编写程序一般包括编辑、编译、连接和执行 4 个步骤。

(1) 程序编辑是用 C 语言编写程序代码、实现算法的过程，该阶段主要形成源文件（ *.c）和头文件（ *.h）。

(2) 程序编译是对 C 程序进行语法检查并将其翻译成机器指令的过程，该阶段生成目标文件（ *.obj 或 *.o）。

(3) 程序连接是将所有目标文件打包组装成一个计算机可执行文件的过程，该阶段生成可执行文件（ *.exe）。

(4) 程序执行是运行可执行文件的过程，利用该过程验证程序功能是否全部实现。

1.8 开发程序的一般过程是什么？

参考答案：开发程序的一般过程包括问题分析、算法设计、编写程序、测试代码和编写文档 5 个环节。

在问题分析的过程中，可以采用结构化程序设计的方法对问题进行"自顶向下"的分解。

在算法设计的时候，可以采用结构化流程图对算法进行描述。

在编写程序的时候，要按照编辑、编译、连接和运行 4 个过程编写和调试代码。

在程序正式使用前需要对程序进行测试，运行程序并对程序的运行结果进行分析，以确保程序能够按照预定方式正确地运行。

在程序提供给用户使用之前，一般要编写文档，对程序名称、程序功能、运行环境、程序的装入和启动以及使用注意事项等进行说明。

1.9 为什么说 C 语言是结构化程序设计语言？

参考答案：任何复杂的算法都可以利用顺序、选择和循环 3 种逻辑结构的排列组合来表示。使用这 3 种结构的编程语言称为结构化程序设计语言。

C 语言中实现了顺序结构、选择(分支)结构和循环结构的语句。例如,采用 if 语句可以实现选择结构,采用 while 语句可以实现循环结构。因此 C 语言是一种结构化程序设计语言。虽然 C 语言中仍包含 goto 语句,但由于 goto 语句并不能体现良好的选择、循环结构,目前已被摒弃。

1.10 分别用自然语言和流程图描述求 100! 的算法。

参考答案:(1) 自然语言描述

步骤 1:令 sum = 1,i = 1;

步骤 2:令 sum = sum * i;

步骤 3:令 i 的值增加 1;

步骤 4:如果 i 的值大于 100,则继续;否则跳转到步骤 2;

步骤 5:输出 sum 的值。

(2) 流程图描述(见图 1.1)

1.11 用流程图描述解决下列问题的算法。

(1) 判断一个整数 n 能否同时被 3 和 5 整除。

(2) 有 3 个数 a、b、c,按从小到大的顺序进行排序。

参考答案:(1) 能否同时被整除可以分解成两个条件,这两个条件分别是可以被 3 整除和可以被 5 整除。同时被整除是两个判断的逻辑"与",见图 1.2。

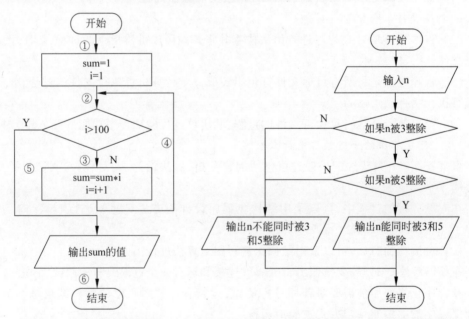

图 1.1 计算 100! 的流程图　　图 1.2 判断 n 是否能同时被 3 和 5 整除的流程图

(2) 排序要求结果是有序的,而排序前数据是无序的,因此排序的过程中需要实现"交换"这一基本功能。两个数据排序最多需要交换一次,3 个数据排序最多需要交换 3 次。图 1.3 的流程可以实现 3 次交换。

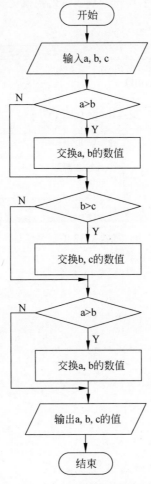

图 1.3 a、b、c 由小到大排序流程图

1.12 用 VS2010 创建一个名称为 newproject 的工程项目,并在项目中新建一个名称为 new.c 的源文件。在源文件中编写一个 C 程序,实现运行时输出

Hello China!

参考程序:

```
#include <stdio.h>          //使用 printf 函数需要包含头文件 stdio.h
int main(void)              //主函数
{
    printf("Hello China!\n");   //使用 printf 函数输出字符串
    return 0;
}
```

解析:

使用 printf 函数可以输出字符串,但是需要包含头文件 stdio.h。

在"Hello China!\n"中加入了换行字符'\n',控制光标换行。

程序运行结果(见图 1.4):

图 1.4 习题 1.12 的程序运行结果

1.13 编写一个 C 程序,运行时输出以下图形:

```
    ***     *   *   *****   *   *         *
    *       *   *     *     **  *       *   *
    *       ******    *     * * *      *   *
    *       *   *     *     *  **     *   *
    ***     *   *   *****   *   *    *
```

参考程序:

```c
#include <stdio.h>
int main(void)
{
    /*第一行的空格数量分别是 4,4,4,4,4,4,8
    第二行的空格数量分别是 3,7,4,6,6,3,7,1
    第三行的空格数量分别是 2,8,6,6,1,2,6,1,1
    第四行的空格数量分别是 3,7,4,6,6,2,1,5,5
    第五行的空格数量分别是 4,4,4,4,4,4,4,7*/
    printf("    ***     *   *   *****   *   *         *     \n");
    printf("    *       *   *     *     **  *       *   *   \n");
    printf("    *       ******    *     * * *      *   *    \n");
    printf("    *       *   *     *     *  **     *   *     \n");
    printf("    ***     *   *   *****   *   *    *          \n");
    return 0;
}
```

解析:

程序中每行用一个 printf 语句分别输出一个由空格和"＊"字符组成的字符串,"＊"字符前后空格的数量见程序注释。空格数量不正确,则不容易拼出规则的"CHINA"。空格的数量多少不是绝对的,大家可以自己计算出更合适的数量。

程序运行结果(见图 1.5):

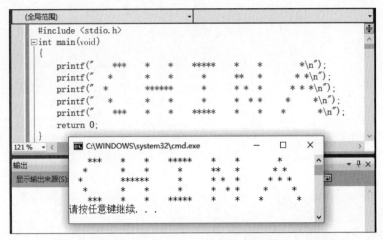

图 1.5　习题 1.13 的程序运行结果

1.2　补充习题

1. 下面叙述中正确的是(　　)。
（A）用计算机汇编语言书写的程序是计算机可以直接执行的
（B）程序是用英文表示的人们头脑中解决问题或进行计算的步骤
（C）算法仅仅是用计算机高级语言书写的计算机解题的步骤
（D）用任何计算机高级语言书写的程序都必须转换为计算机指令序列才能执行

2. 下面叙述中错误的是(　　)。
（A）C 语言的函数可以直接使用,无须事先定义或声明
（B）C 语言程序是由函数组成的
（C）C 语言的函数就是一段程序
（D）C 语言的函数可以单独编译

3. 下面叙述中正确的是(　　)。
（A）用 C 语言编写的程序只能放在一个程序文件中
（B）C 程序书写格式严格,要求一行内只能写一条语句
（C）C 程序中的注释只能出现在程序的开始位置和语句的后面
（D）C 程序书写格式自由,一条语句可以写在多行上

4. 计算机能直接执行的程序是(　　)。
（A）源程序　　　　（B）目标程序　　　　（C）汇编程序　　　　（D）可执行程序

5. 下面叙述中正确的是(　　)。
（A）C 语言规定必须用 main 作为主函数名,程序将从此开始执行
（B）可以在程序中由用户指定任意一个函数作为主函数,程序将从此开始执行
（C）C 语言程序将从源程序中第一个函数开始执行
（D）main 的各种大小写拼写形式都可以作为主函数名,如 MAIN、Main 等

第 2 章

让计算机学会运算

2.1 习题解析

2.1 下列哪些可作为标识符？哪些是不合法的标识符？

b	C	C++	cpp	x2	program	$18	\t
switch	and	a3w	while	a[i]	For	for	β
tan(x)	int	π	float	who	false	pat	integar
t&d	case	windows	Dos float	class	return	6tun	_int

参考答案：上述各字符串中，可用作合法 C 语言标识符的有：

b	C	cpp	x2	program	and	a3w	For
Who	false	pat	integar	windows	class	_int	

不合法的标识符有：

C++	$18	\t	switch	while	a[i]	for	β
tan(x)	int	π	float	t&d	case	Dos float	return
6tun							

解析：

C 语言中合法的标识符只能由英文字母、数字和西文下画线"_"组成，且数字不能作为标识符的首部。也不能使用 C 语言中的关键字作为标识符，因为关键字已经被赋予了特定的含义。本题中的 switch、while、for、int、float、case、return 是 C 语言中的关键字，因此不能再用它们定义标识符。

此外，在实际使用中，标识符区分字母的大小写，如 Word 和 word 是两个不同的标识符。

2.2 下列哪些是合法的常量？哪些是不合法的常量？对于合法的常量，请指出常量的类型和数值；对不合法的常量，请说明为什么不合法。

'\065'	3FE	123,654	−1.0E06	0X7D
213.	"e"	.3141	"a+=m;"	013
"123+218"	−1E−5	029	40L	'\n'
1E2.5−600.	E12	'None'	.007	−2.1eMAXPI

参考答案：上述符号中，可用于 C 语言合法常量的有：

'\065'——字符常量，是字符 '5' 的八进制形式转义字符写法，其 ASCII 码值为 53。

−1.0E06——浮点型常量，具体为指数型小数，数值为 -1.0×10^6。

0X7D——十六进制整型常量，数值为十六进制数 7D 或十进制数 125。

213.——十进制浮点型常量，数值为 213.0。

"e"——字符串常量，数值为其本身。

.3141——浮点型常量，具体为指数型小数，数值为 3.141×10^{-1}。

"a+=m;"——字符串常量，数值为其本身。

013——整型常量，为八进制表示形式，数值为十进制数 11。

"123+218"——字符串常量,数值为其本身。

-1E-5——浮点型常量,具体为指数型小数,数值为-1.0×10^{-5}。

40L——整型常量,数值为40。

'\n'——字符常量,是换行的转义字符,其ASCII码值为10。

.007——浮点型常量,数值为0.007。

不合法的常量有:

3FE——十六进制整数需要以0x开头。

123,654——C语言中数字中间不能包含有逗号。

029——9不在八进制数数字的取值范围内。

1E2.5-600.——E后不能为小数。

E12——E前少小数部分。

'None'——字符串常量必须用西文双引号引起来。

-2.1eMAXPI——MAXPI要作为常量使用必须先定义。

解析:

C语言中常用的常量包括整型常量、浮点型常量、字符常量、字符串常量和符号常量。

整型常量有十进制整型常量、八进制整型常量和十六进制整型常量3种形式,其中八进制整型常量由数字0~7构成,且第一个数字是0;十六进制整型常量用0x或0X开头,每个数位上数字的取值范围是"0、1、2、3、4、5、6、7、8、9、A、B、C、D、E、F",字母不区分大小写。如202为十进制整型常量,017为八进制整型常量,0XF为十六进制整型常量。

浮点型常量有十进制和指数两种表示形式,其中十进制小数由数字和小数点组成,指数小数由小数部分、e或E和整数部分组成,且e或E前必有数字,后必为整数。如.52为十进制小数,.31415e1为指数型小数。

字符常量是由一对西文单引号('')引起来的一个字符,分为普通字符和转义字符。

字符串常量是用西文的双引号把若干字符或汉字引起来的量,例如"Hello"。

符号常量是通过宏定义#define指令定义一个标识符来表示一个常量。

2.3　写出下列各表达式的值。

设有定义:

```
int x=4;
```

(1)(float)9/2-12/3　　　　　　(2)9/2*2

(3)4*x/(7%3)　　　　　　　　(4)x+=213

参考答案:(1)0.5　　(2)8　　(3)16　　(4)8

解析:

求表达式的值需要注意不同运算符的运算顺序、结合方向和运算规则。

(1)本表达式包含1个类型转换运算符、2个除法运算符和1个减法运算符。它们的运算优先级为:类型转换运算符"(类型)"的运算优先级高于除法运算符

"/",除法运算符"/"的运算优先级高于减法运算符"-"。

除法运算的运算规则为:两个整数相除的结果为整数,舍掉商的小数部分;当运算对象中有浮点型数据时,除法结果与数学运算一样,保留小数部分。

计算过程:(float)9,得到浮点数 9.0;9.0/2,得到 4.5;12/3,得到 4;4.5-4,得到 0.5。

(2) 本表达式包含除法运算符和乘法运算符。

除法运算符和乘法运算符的优先级相同,方向都是左结合。因此表达式的运算顺序为从左至右顺序进行。

计算过程:9/2,得到整数 4;4*2,得到 8。

(3) 本表达式包含乘法运算符、除法运算符、括号运算和取余运算符。

小括号的优先级最高,先计算括号内的表达式,而括号外的乘法、除法优先级相同,按左结合的顺序依次执行。

计算过程:(7%3),得到 1;4*x,得到 16;16/1,得到 16。

(4) 本表达式包含"+="运算符。

x+=213 等价于 x=x+213,这是一个先加后赋值的运算,使用"+="使得表达式更加简洁。

计算过程:x+213,得到 217;赋值后,x 更新为 217。

2.4 写出下列各表达式的值。

设有定义:

```
int i=4, k=6, j=12, a=10, n=4;
float x=5.4;
char c='D';
```

(1) c+i (2) --i+('A'+'G')/2 (3) n/=12-n
(4) 3*k<=j+4 (5) c+x (6) c-'A'+'a'
(7) a*=n+3 (8) k<=8||j<=6&&j>0 (9) ++i/(int)x
(10) !x||c (11) a+=a--a*=a (12) k!=4&&k!=5
(13) (c-'A'+5)%3 (14) i<=10&&i>=-3 (15) a%=(a/=2)
(16) !x||i&&(i>=c)

参考答案:

(1) 72 或 'H' (2) 71 或 'G' (3) 0 (4) 0
(5) 73.4 (6) 'd' (7) 70 (8) 1
(9) 1 (10) 1 (11) 0 (12) 1
(13) 2 (14) 1 (15) 0 (16) 0

解析:

求表达式的值需要注意表达式中不同运算符的运算顺序、结合方向和运算规则。在逻辑表达式的求解中,需要注意"&&"和"||"运算符具有短路规则的特性。

(1) c+i,参与运算的两个数据,一个是字符变量,一个是整型变量,计算得到的结果是一个整型数。c 的值是 'D',对应的 ASCII 码值是 0x44,即 68,i 的值是 4,结果为 72 或 'H'。

(2) --i+('A'+'G')/2,先计算括号内的表达式,然后按照优先级先算自减,再算除法,最后计算加法。字符常量按 ASCII 码值参与计算,('A'+'G')/2 的结果是 'D';自减在变量 i 的左侧,先减 1,再参与计算,因此加法运算的数据是 3 和 'D',结果为 71 或 'G'。

(3) n/=12-n 等价于 n = n/(12-n),因为 n 初始为 4,4/(12-4)计算得到的是整除结果 0。赋值表达式的值就是 n 的值,即 0。

(4) 3*k<=j+4 中,算术运算符优先级高于关系运算符,先计算 3*k 为 18,再计算 j+4 为 16,最后计算关系运算表达式 18<=16,其值为 0。

(5) c+x 考查不同类型数据进行混合运算的规则,运算时先将 char 型和 float 型数据转换成 double 型数据再运算,即 68.0+5.4,结果为 double 型数据 73.4。

(6) c-'A'+'a' 实际上是相应字母大写转为小写的关系式。因为 c 记录了大写字母,c-'A' 得到了该大写字母在大写字母表中对应 'A' 的偏移量,再加上 'a' 就得到在小写字母表中的相应字符;结果为 'd'。同理,小写字母转大写字母的关系式为 c-'a'+'A'。

(7) a*=n+3,与 a = a*(n+3) 是等价的。由 a 和 n 的值可得 10*(4+3),70。

(8) k<=8||j<=6&&j>0 考查逻辑运算符的短路规则特性。由于 k<=8 的值为 1,因此不需要计算 j<=6 的值就能得到 k<=8||j<=6 的值为 1。而 j>0 的值也为 1,因此表达式 k<=8||j<=6&&j>0 的值为 1。

(9) ++i/(int)x 主要考查"(类型)"、"++"和"/"运算符的运算优先级,先求 ++i 和 (int)x 的值,均为 5,再进行整除运算,因此表达式的值为 1。

(10) !x||c 主要考查逻辑运算符的运算规则。"!"是单目运算符,运算优先级高于"||"运算符。在 C 语言中,任何非零数据的逻辑非运算结果均为零,所以 !x 的结果为零。而 c 非零,因此 !x||c 的结果为 1。

(11) a+=a-=a*=a 考查复合赋值运算符的运算规则。复合赋值运算归属于赋值运算,因此采用的是右结合原则,先计算"*="赋值,再依次计算"-="和"+="赋值。a 的初始值为 10,a*=a 等价于 a=a*a,所以 a 被赋值为 100。a-=a 等价于 a = a-a,用 100 代入后,a 更新为 0。a+=a 等价于 a=a+a,由于现在 a 已经为 0 了,所以计算的结果依然是 0。可以看到,由于 a-a 的结果一定是 0,所以无论 a 初始值为多少,这个表达式的最终结果都为 0。

(12) k!=4&&k!=5 主要考查关系和逻辑运算符的运算规则。"!="是关系运算符,优先级高于"&&",所以先计算 k!=4 和 k!=5。由于 k 的值为 6,因此两个表达式的结果均为 1。逻辑与的结果为 1。

(13) (c-'A'+5)%3 主要考查字符变量参与代数运算的规则。字符变量的减运算实现的是其相应 ASCII 码值的减运算,因此 c-'A' 的结果为 3。3+5 的结果对 3 取余,结果为 2。

（14）i<=10&&i>=-3 考查关系和逻辑运算符的运算规则。i<=10 和 i>=-3 的运算结果都是 1，两个值逻辑与的结果为 1。

（15）a%=(a/=2) 考查复合赋值运算，"/=" 和 "%=" 都采用右结合原则。a%=(a/=2) 表达式等价于 a=a/2,a=a%a。因为 a 的值为 10,a=a/2 的结果为 5,a=a%a 的结果为 0。可以看到，由于 a%a 的结果一定是 0，所以无论 a 初始值为多少，这个表达式的最终结果都为 0。

（16）!x||i&&(i>=c) 主要考查关系和逻辑运算符的运算规则。首先计算 !x、i、i>=c 的结果分别为 0、4、0，然后计算逻辑与 i&&(i>=c) 的结果为 0，最后计算逻辑或，得到最终结果为 0。

2.5　写出下列数学算式对应的 C 语言表达式。

（1）$x = \dfrac{-b - \sqrt{b^2 - 4ac}}{2a}$

（2）$y = x^2 + \dfrac{a-b}{a+b} + p\left(1 + \dfrac{r}{4}\right)^{4n}$

参考答案：（1）x=(-b-sqrt(b*b-4*a*c))/(2*a)

（2）y=x*x+(a-b)/(a+b)+p*pow(1+r/4,4*n)

解析：

在 C 语言中利用表达式实现数学计算公式时，需要注意以下 3 点：

（1）C 语言中表达式内的任一个运算符都不可以省略，如数学公式 4a+c 必须写成 4*a+c。

（2）数学中的某些运算，如求平方根等，在 C 语言中没有对应的运算符。因此在 C 语言中，需要利用函数来处理求平方根等运算，而这些数学计算库函数在头文件 math.h 或者其他头文件中进行了声明。

在使用这些函数时，需要在程序的开头利用预处理指令包含数学库函数头文件，即 #include <math.h> 或 #include "math.h"。尖括号和双引号的区别在于查找头文件路径的方式。若使用尖括号，则编译器会在系统路径下查找头文件；若使用双引号，则编译器会先在当前目录下查找头文件，如果没有找到，再到系统路径下查找。对于 C 编译环境提供的常用头文件，建议使用尖括号；而自己写的头文件，使用双引号，这样便于对代码的理解。

本题中，平方根函数 sqrt(x) 实现的数学运算为 $\sqrt{x}$，幂函数 pow(x,y) 实现的数学运算为 x^y。

（3）C 语言中的表达式求解是从左至右顺序扫描，再结合运算符的优先级和结合性来进行求解的，为保证数学算式在 C 语言中的正确描述，应合理添加小括号。

2.6　分别根据下列描述写出表达式。

（1）设今天是星期三，那么 n(n>0) 天以后是星期几？

（2）设现在时针指向 1 点，那么 t(t>0) 小时后时针指向几点？

（3）平面直角坐标系中两点 A(x1, y1) 和 B(x2, y2) 之间的距离。

（4）已知变量 int a 中存放着一个 3 位正整数，将 a 的 3 位数字之和赋给变量 int b。

参考答案：（1）（n+3）%7，其中 0，1，2，3，4，5，6 分别表示星期日、星期一、星期二、星期三、星期四、星期五、星期六。

（2）t%12+1

（3）sqrt（（x1-x2）*（x1-x2）+（y1-y2）*（y1-y2））

（4）b=a/100+a/10%10+a%10

解析：

（1）用整数 0，1，2，3，4，5，6 分别表示星期日、星期一、星期二、星期三、星期四、星期五、星期六，今天是星期三就用 3 表示。一周 7 天循环往复，因此只要计算出（n+3）%7 的值，即可知道 n（n>0）天以后是星期几。

（2）用整数 1，2，3，4，5，6，7，8，9，10，11，12 分别对应 1 点，2 点，…，12 点。钟表按照 12 小时循环往复，t%12 的值即为时针转过整圈后又走过的钟表大格数，现在时针指向 1 点，那 t（t>0）小时后时针指向的点为（t+1-1）%12+1 的值对应的点，即为 t%12+1。

（3）平面上两点之间的距离公式为 $\sqrt{(x1-x2)^2+(y1-y2)^2}$，利用求平方根的库函数 sqrt（），即可得所求表达式为 sqrt（（x1-x2）*（x1-x2）+（y1-y2）*（y1-y2））。

（4）只需将整数 a 的百位、十位和个位上的数字求出来，再对它们求和，最后将和值赋给变量 b 即可。

2.7 分别写出判断下列表述的表达式。

（1）字符变量 ch 中存放的字符是字母或数字。

（2）实型变量 x 的值非常接近 0（精确到 10^{-8}）。

（3）整数 a 是一个相邻数字不同奇偶的 3 位正整数。

（4）一个三角形的边长分别为 a、b、c，该三角形为等腰三角形。

参考答案：（1）ch>='A' && ch<='Z' || ch>='a' && ch<='z' || ch>='0' && ch<='9'

或 ch>=65 && ch<=90 || ch>=97 && ch<=122 || ch>=48 && ch<=57

（2）fabs（x）<=1e-8

（3）a/100%2!=a/10%10%2 || a/10%10%2!=a%10%2

（4）等腰三角形：（a==b||a==c||b==c）&& a+b>c && a+c>b && b+c>a

或（a+b>c && a==b）||（a+c>b && a==c）||（b+c>a && b==c）

解析：

本题主要考查关系表达式的合法描述。

（1）判断一个字符是否为字母，可用字符常量构造关系表达式，也可用字母的 ASCII 码构造关系表达式。字母包含大写字母和小写字母，用逻辑或"||"连接判断字母为大写字母和小写字母的表达式。

（2）浮点型数据的表示范围不包含 0 及其附近很小的数，因此判定一个 float 型变量 x 的值是否等于 0，一般是判定 x 与 0 的距离小于某一很小的数。如 fabs（x）<=1e-8 即

可用于判定 x 的值是否等于 0,其中 fabs(x) 是对实数 x 取绝对值。

（3）相邻数字不同奇偶的 3 位正整数,可以是百位和十位数字不同奇偶；也可以是十位和个位数字不同奇偶。百位、十位和个位数字均不同奇偶的情况是上述两种情况的交集,被上述两种情况的并集包含。因此,可以采用逻辑或 || 的关系来准确表示。

（4）普通三角形需要满足任意两条边的和大于第三条边的条件,因此 a+b>c、a+c>b、b+c>a 之间是逻辑与的关系。

等腰三角形在普通三角形条件的基础上,还要满足有两边相等的条件。由于未知哪两条边相等,因此判断的条件是有任意两条边相等即可,此时 a==b、a==c、b==c 之间是逻辑或的关系。因此可以得到如下的表达式:（a==b||a==c||b==c）&& a+b>c && a+c>b && b+c>a。另外,从等腰三角形的底边可以有 3 种不同的情况出发,也可以将判断的表达式写成 3 种条件的逻辑或,每种情况下两个腰相等,且两个腰的长度之和大于底边。因此可以得到如下的表达式:（a+b>c && a==b）||（a+c>b && a==c）||（b+c>a && b==c）。这两种答案对于三角形边长 a、b、c 来说是等价的。

2.8 对于输入的一行字符,要"统计这一行字符中大写字母、小写字母、数字和非数字字符的个数",请分别写出判别大写字母、小写字母、数字和非数字字符的条件表达式。

参考答案: char ch;

判别大写字母: ch>='A' && ch<='Z'

判别小写字母: ch>='a' && ch<='z'

判别数字字符: ch>='0' && ch<='9'

判别非数字字符: !(ch>='0' && ch<='9')

解析:

本题所求的表达式在后续章节用的比较多。

假设用字符变量 ch 存放输入的字符,判断 ch 是否为字母数字,可用字符常量构造关系表达式,也可以用字母的 ASCII 码构造关系表达式。判断非数字字符只要对判断数字字符的表达式进行逻辑非运算即可。

2.9 在"七一"党的生日庆典上,学院给老师和学生分发水果。分西瓜时,老师 5 人一个,学生 4 人一个,正好分掉 20 个西瓜；分桃子时,老师每人 3 个,学生每人 2 个,正好分掉 188 个桃子。请给出满足题目条件的表达式。

参考答案:

```
int tea,stu;
(tea/5+stu/4==20) && ( tea*3+stu*2==188) && (tea%5==0 && stu%4==0)
```

解析:

设分别用 int 型变量 tea 和 stu 表示老师和学生数。要满足题目所给的分配西瓜和桃子的数量关系,首先需要满足总量关系,然后按题意,tea 和 stu 还要满足 5 的倍数和 4 的倍数关系。这些条件判断之间都是逻辑与的关系。

2.2 补充习题

1. 以下叙述中正确的是(   )。

（A）在 C 语言中,常量名也要遵守标识符的命名规则

（B）对单目运算符来说,运算对象一定在其右侧

（C）标识符的首字符必须是下画线、字母,其他字符可以是任意的键盘可键入字符

（D）变量占用内存,常量不占用内存

2. 下列定义变量的语句中错误的是(   )。

（A）int _int;   （B）double int_;

（C）char For;   （D）float US $;

3. 以下选项中不能作为 C 语言合法常量的是(   )。

（A）0.1e+6   （B）'cd'   （C）"\a"   （D）'\011'

4. 以下选项中,合法的 C 语言常量是(   )。

（A）'C++'   （B）1.0   （C）"0\.\0   （D）2B

5. 以下选项中,合法的 C 语言实数是(   )。

（A）.9E0   （B）E22   （C）0.41E   （D）.8e0.01

6. 表达式：(int)((double)9/2)-9%2 的值是(   )。

（A）0   （B）3   （C）4   （D）5

7. 设 a,b,c 是整型变量,以下选项中的赋值表达式错误的是(   )。

（A）a=1=(b=1)=1   （B）a=(b=0)*(c+0)

（C）a=b=c*0   （D）a=1%(b=c==9)+46

8. 若有定义：int a=3,b=2;,则下面表达式中,值为真的选项是(   )

（A）!b‖!a   （B）!(a/b)

（C）!(b/a)   （D）!a&&!b

9. 若有定义：int a=3,b;,则执行语句：b=(a++,a++,a++); 后,变量 a 和 b 的值分别是(   )。

（A）6,5   （B）8,7   （C）6,3   （D）5,6

10. 有以下程序段：

```
int a = 3,b;
b = a+3;
{
    int c = 2;
    a *= c+1;
}
```

下面关于此段程序的说法,正确的是(   )。

（A）这段程序执行后 a 的值是 9

（B）这段程序中存在有语法错误的语句

（C）这段程序执行后 a 的值是 7

（D）可执行语句 b=a+3 后，不能再定义变量 c

11. 库函数 rand( ) 的功能是产生一个 0~32 767 的随机数。若要用此函数随机产生一个 0~99.99（2 位小数）的数，以下能实现此要求的表达式是（　　）。

（A）（rand( )%10 000)/100.0　　　（B）（rand( )%10 000)/100

（C）（rand( )%9000+1000.0)/100.0　（D）（rand( )%100)/100.0

12. 有以下程序段：

```
#include <stdio.h>
int main(void)
{
    int a = 16, b;
    b = (a>>4)%1;
    printf("%d, %d\n", a, b);
    return 0;
}
```

程序运行后的输出结果是（　　）。

（A）16,1　　　（B）17,1　　　（C）16,0　　　（D）17,0

*13. 学习使用按位与 &。

程序分析：0&0=0；0&1=0；1&0=0；1&1=1

程序源代码：

```
#include <stdio.h>
int main(void)
{
    int a,b;
    a = 077;
    b = a&3;
    printf("\n: The a & b(decimal) is %d \n",b);
    b &= 7;
    printf("\n: The a & b(decimal) is %d \n",b);
    return 0;
}
```

该程序的输出结果是（　　）。

*14. 学习使用按位或 |。

程序分析：0|0=0；0|1=1；1|0=1；1|1=1

程序源代码：

```
#include <stdio.h>
int main(void)
{
    int a,b;
    a = 077;
    b = a|3;
    printf("\n: The a & b(decimal) is %d \n",b);
```

19

```
    b |= 7;
    printf("\n: The a & b(decimal) is %d \n",b);
    return 0;
}
```

该程序的输出结果是(   )。

＊15. 学习使用按位异或 ^。

程序分析：$0\wedge0=0$；$0\wedge1=1$；$1\wedge0=1$；$1\wedge1=0$

程序源代码：

```
#include <stdio.h>
int main(void)
{
    int a,b;
    a = 077;
    b = a^3;
    printf("\n: The a & b(decimal) is %d \n",b);
    b ^= 7;
    printf("\n: The a & b(decimal) is %d \n",b);
    return 0;
}
```

该程序的输出结果是(   )。

第3章

与计算机面对面地交流

3.1　习题解析

3.1　人类与计算机之间进行对话一般包括哪两种方式？各有什么特点？

参考答案：人类与计算机交互数据的两种方式：一种是不保存对话内容，通过键盘和显示器与计算机交互数据；另一种是保存对话内容，通过内存与硬盘交互数据，见图 3.1。

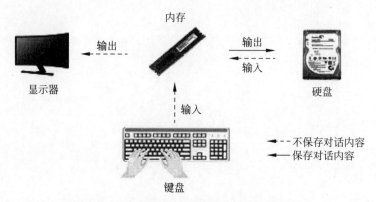

图 3.1　计算机的两种数据输入输出方式示例

（1）通过键盘和显示器交互数据。

利用键盘和显示器可以实现与计算机之间的实时数据交互。我们从键盘上将数据输入到内存并存储在程序的变量中。在程序运行过程中，计算机依据指令将变量中的数据输出到显示器上。根据显示结果，我们再次通过键盘输入数据，如此循环。在这个过程中，数据被暂时保存在内存里面，但是内存不能持久存储数据。当程序运行结束时，操作系统会清除内存中的程序数据，为其他程序运行提供内存空间。此时，我们无法再访问原来程序中的数据。

（2）通过内存和硬盘交互数据。

利用内存和硬盘可以将程序中的数据持久地保存在硬盘中。计算机可以将内存中的数据写入硬盘，以文件的方式保存下来。即使程序退出运行，程序中的数据也已经保存在文件中了，不会丢失。当程序重新运行时，我们可以让计算机从硬盘的文件中将数据读入内存中供程序使用，从而不需要通过键盘再次输入数据。

3.2　在 C 语言中从键盘输入数据和向屏幕输出数据各使用了什么函数？对应函数的主要参数包括哪些？参数的含义是什么？

参考答案：从键盘输入数据使用的函数是 scanf 函数，向屏幕输出数据使用的是 printf 函数。scanf 和 printf 函数的主要参数及其含义如下：

（1）scanf 语句一般形式表示为

printf(参数 1,参数 2,…,参数 n);

参数 1：格式控制字符串。它是用西文双引号引起来的一个字符串，它指定了要输入到变量中的数据的格式。例如,为一个字符变量输入数据,格式字符串是"%c"。

参数 2 ~ 参数 n:需要输入数据的变量的地址。如果要为多个变量输入数据,就需要指定多个参数。如果要获得变量的地址,需要使用取地址运算符"&"。在使用 scanf 语句时,需要特别注意的是,格式控制串中指定的数据格式应与变量的数据类型一致。

(2) printf 语句一般形式为

```
printf(参数1,参数2,…,参数n);
```

参数 1:格式控制字符串,它指定了输出数据的格式或者是输出的一个字符串常量。

参数 2 ~ 参数 n:需要输出数据的变量、常量、表达式。

在 printf 语句中,参数 1 的作用与 scanf 语句的参数 1 是相同的,但是参数 2 ~ 参数 n 与 scanf 语句中的参数不同。

3.3 根据数据的组织形式,文件可分为哪两种不同的类型?各有什么特点?

参考答案:根据数据的组织形式,文件可分为文本文件和二进制文件。其各自的特点如下:

(1) 文本文件。

以字符的方式存储数据,只要打开文件就可以直接阅读文件的内容,例如常用的以 .txt 作为扩展名的文件。

(2) 二进制文件。

以二进制数字的方式存储数据,打开文件后无法直接阅读文件的内容,例如 C 程序中以 .exe 作为扩展名的可执行文件。

3.4 C 语言打开文件的主要方式有哪些?打开函数的形式是什么?

参考答案:C 语言打开文件的方式及函数形式如下:

(1) 文件的只读访问模式。

```
fopen(文件名称或文件名, "r");      //文本文件的只读访问模式
fopen(文件名称或文件名, "rb");     //二进制文件的只读访问模式
```

"r"是单词 read 的首字母。通过只读访问模式打开文件时被访问的文件必须已经存在,否则调用 fopen 函数将会失败。文件缓冲区分为输入文件缓冲区和输出文件缓冲区。当以只读访问方式打开文件时,文件数据只会加载到输入文件缓冲区,而不会加载到输出文件缓冲区,因此无法对文件数据进行更改。"rb"中的"b"是单词 binary 的首字母,表示按二进制方式打开文件。

(2) 文件的只写访问模式。

```
fopen(文件名称或文件名, "w");      //文本文件的只写访问模式
fopen(文件名称或文件名, "wb");     //二进制文件的只写访问模式
```

"w"和"wb"访问模式都是先创建一个新文件,然后对该文件执行写操作。假设这个文件已经存在,则会先删除该文件,再创建一个新文件。若想保留已有文件中的数据,则不能使用该模式打开文件,可以选择以追加访问模式"a"打开文件。字母"a"是单词 append 的首字母。以追加访问模式打开文件时,若被访问的文件不存在,则 fopen 函数也

将创建一个新文件。

```
fopen(文件名称或文件名, "a");              //文本文件的只追加写访问模式
fopen(文件名称或文件名, "ab");             //二进制文件的只追加写访问模式
```

当以只写访问模式打开文件时,文件数据只会加载到输出文件缓冲区,而不会加载到输入文件缓冲区,因此无法对文件的数据内容进行读取操作。

(3) 文件的读写访问模式。

有的时候,我们既需要读取文件的数据,又需要更改文件的数据,此时就需要使用读写访问模式打开文件。在只读或者只写访问模式标记中加入符号"+",就可以将原来的只读或者只写访问模式扩展为同时读写访问模式标记。例如,

```
FILE *file_point1=fopen("c:\\程序\\程序文档.txt","r+");
```

当 fopen 函数调用成功后,可以将"程序文档.txt"文件的访问模式设置为读写访问模式,并且将文件缓冲区中文件数据的地址返回给指针变量 file_point1。通过 file_point1 变量可以利用读写文件的函数对文件数据进行读写操作。

总的来说,创建与打开文件都需要调用 fopen 函数,针对不同类型的文件格式,可以发现,二进制文件与文本文件相比,其"访问文件方式"都增加了字符"b"。文本文件和二进制文件的打开方式参见表 3.1。

表 3.1 文本文件和二进制文件的打开方式

文件打开方式	文本文件的访问方式	二进制文件的访问方式
打开文件,只能读数据	r	rb
创建新文件,只能写数据	w	wb
创建新文件,追加写数据	a	ab
既可以读数据,也可以写数据	r+	rb+
创建新文件,既可以读数据,也可以写数据	w+	wb+
创建新文件,既可以读数据,也可以写数据	a+	ab+

3.5 C 语言读写文件的主要函数有哪些? 它们之间的区别是什么? 分别在何种情况下使用?

参考答案:根据数据的组织形式,C 语言读写文件的函数包括 fprintf、fscanf、fwrite、fread 函数等,其中 fprintf、fscanf 用于文本文件的读写,fwrite、fread 用于二进制文件的读写。函数的具体形式和参数如下:

(1) 文本文件的读写。

fprintf 函数是将程序中的数据输出到文件中,其一般形式为

```
int fprintf(文件指针, 格式字符串, 输出数据列表)
```

如果 fprintf 函数执行成功,则返回输出到文件中的字符总数;如果函数执行失败,则返回一个负数。从上面的函数形式可以发现,fprintf 函数比 printf 函数多了一个文件指针参数,文件指针参数用于说明将数据输出到指定的文件中。

fscanf 函数可以将文件中的数据读入到变量中,其一般形式为

```
int fscanf(文件指针,格式字符串,输入变量地址列表)
```

如果 fscanf 函数读取数据成功,则返回读取数据的个数;如果函数执行失败,则返回一个负数。从上面的函数形式可以发现,fscanf 函数比 scanf 函数多了一个参数文件指针。

(2) 二进制文件读写。

fwrite 函数将数据写入二进制文件,其一般形式为

```
int fwrite(void *buffer, int size, int count, FILE *fp)
```

它可以将程序中的数据写入文件缓冲区。如果要完成这个操作,需要告诉计算机变量的指针(地址),变量的数据类型长度,变量的数量和文件指针。这样设计的目的是将一组连续存储并且数据类型相同的变量中的数据写入文件缓冲区中。

buffer:指针变量,存储要写入文件中的数据的地址。void 是"无类型"数据类型,void * 是"无类型"指针类型。因为是按字节读写,字节中存储的数据类型不再重要,buffer 指针变量的数据类型也不再重要,它可以是任何一种数据类型,因此指定了"无类型"的 void 类型作为 buffer 指针变量的类型。

size:要写入文件的每个数据的数据类型长度。

count:要写入文件的数据个数。

fp:要写入数据的文件的指针值。

fwrite 函数根据变量 buffer 中的数值获得需要写入文件缓冲区中的数据的第一个字节的地址,根据 size * count 的大小获得应该复制多少字节,根据 fp 获得文件缓冲区中用于存放上述数据的存储空间的第一个字节的地址。如果 fwrite 函数调用成功,则函数将返回写入文件中的数据个数;如果失败,则返回数值 0。

fread 函数可以实现从文件缓冲区将二进制文件中的数据读入变量,它的一般形式为

```
int fread(void *buffer, int size, int count, FILE *fp)
```

fread 函数的参数的作用与 fwrite 函数相同。如果函数执行成功,则返回读出数据的个数;否则返回数值 0。

3.6 为什么在文件读写完成后需要关闭文件?不关闭文件会有何影响?

参考答案:只要调用了 fopen 函数将文件数据加载到文件缓冲区中,就需要在文件访问结束后,使用 fclose 函数释放文件缓冲区的相关内存资源。在对文件的内容进行修改后,如果想保存到硬盘中,则必须调用 fclose 函数。若不关闭文件,则系统不会将输出缓冲区中的文件内容同步到硬盘的文件中。

3.7 编写一个程序,实现接收从键盘依次输入的一个整数 a、一个浮点数 f、一个整数 b(-100<a,b,f<100)。要求分 3 行输出它们的值,其中第一行连续输出 a 和 b(中间无分隔符);第二行依次输出 f、a、b,3 个数之间用一个空格分隔,f 精确到小数点后两位;

第三行依次输出 a、f、b,每个数占位 10 个字符位,包含正负号,右对齐,f 精确到小数点后两位,任意两个数之间不添加空格。

输入样例

```
12 34.567 89
```

输出样例

```
1289
34.57 12 89
      +12   +34.57      +89
```

参考程序:

```
#include <stdio.h>                          // 输入输出操作,需要包含 stdio.h
int main(void)
{
    int a = 0, b = 0;
    double f = 0;

    scanf("%d",&a);
    scanf("%lf",&f);
    scanf("%d",&b);
    printf("%d%d\n",a,b);                    // 两个整数连续输出,不用空格分隔
    printf("%.2f %d %d\n",f,a,b);            // 按照格式分别输出浮点数和整数
    printf("%+10d%+10.2f%+10d\n",a,f,b);     // 按照格式分别输出浮点数和整数

    return 0;
}
```

解析:

(1) 输入整数采用“%d”格式控制字符,浮点数使用“%lf”或“%f”,分别对应 double 和 float 两种不同精度的浮点型。

(2) 输出格式注意浮点数“%m.nf”的格式控制,其中 m 表示总的字符宽度,n 表示小数点后的有效位数。

(3) 正负号采用“+”或“-”符号,负号表示左对齐,整数“%md”格式控制中 m 表示总的字符宽度。

3.8 分析下面的程序:

```
#include <stdio.h>                          // 第 1 行
int main(void)                              // 第 2 行
{                                           // 第 3 行
    int a = 2,c = 5;                        // 第 4 行
    printf("a=%%d,c=%%d\n",a,c);            // 第 5 行
    return 0;                               // 第 6 行
}                                           // 第 7 行
```

(1) 运行时会输出什么信息?为什么?

（2）如果将程序的第 5 行改为

```
printf("a=%d,c=%d\n",a,c);
```

运行时会输出什么信息？为什么？

参考答案：（1）程序编译后会给出警告"warning：too many arguments for format"（意思是有太多的参数需要格式化），运行后在控制台窗口中会输出"a=% d,c=% d"。这是因为两个"%"连续出现时，系统会理解成程序想要输出一个"%"，前一个"%"用来转义第二个"%"，从而无法输出 a 和 c 的值。

（2）修改后的格式正确，输出"a=2,c=5"。

3.9　分析下面的程序：

```
#include <stdio.h>
int main()
{
    char c1,c2,c3;                    // ①
    c1 = 80;                          // ②
    c2 = 76;                          // ③
    c3 = 65;                          // ④
    printf("c1=%c,c2=%c,c3=%c",c1,c2,c3);
    printf("c1=%d,c2=%d,c3=%d",c1,c2,c3);
    return 0;
}
```

（1）运行时会输出什么信息？为什么？

（2）如果将程序的语句②③④分别改为

```
c1=180;
c2=176;
c3=165;
```

运行时会输出什么信息？为什么？

（3）如果将程序语句①改为

```
int c1,c2,c3;
```

运行时会输出什么信息？为什么？

参考答案：（1）程序运行输出"c1=P,c2=L,c3=Ac1=80,c2=76,c3=65"。其中，"%c"表示字符以 ASCII 码符号形式进行输出，80、76、65 在 ASCII 码表中对应字符'P'、'L'、'A'；而"%d"表示按字符的数值进行输出。

（2）程序输出"c1=?c2=?c3=?c1=−76,c2=−80,c3=−91"。其中，由于字符在内存中仅用 1 字节进行存储，默认为 signed char，即最高位为符号位，因此表示范围为 −128~127。当赋予 c1、c2、c3 的值大于 127 时，它超出了有效的数值表示范围。采用%c 输出时，无法将负数转换为 char 类型的 ASCII 码。采用%d 输出时，由于最高位为 1，系统认为它是一个负数的补码，180、176 和 165 以二进制表示分别是 −76、−80 和 −91 的补码。不同的编译系统中,按字符方式输入 c1、c2 和 c3,显示结果可能会不一样,但都无法正确显示。

（3）程序输出"c1=P,c2=L,c3=A c1=80,c2=76,c3=65"。其中,"%c"会将整数按照 ASCII 码值 80、76、65 进行解释,c1、c2、c3 对应输出 'P'、'L'、'A',"%d"正常输出整数值。

3.10 用下面的 scanf 函数输入数据,使 a=1,b=2,x=3.4,y=5.678,c1='X',c2='y'。应该如何从键盘上输入数据,才能够保证下面的 scanf 语句能够正确执行?

```c
#include <stdio.h>
int main(void)
{
    int a,b;
    float x,y;
    char c1,c2;

    scanf("a=%d,b=%d",&a,&b);
    scanf("%f%f",&x,&y);
    scanf("%c%c",&c1,&c2);
    printf("a=%d,b=%d,x=%f,y=%f,c1=%c,c2=%c\n",a,b,x,y,c1,c2);

    return 0;
}
```

参考答案：a=1,b=2(空格)3.4(空格)5.678Xy(回车)。

解析：

（1）答案不唯一,参考答案中空格可替换为回车或 Tab 键。

（2）scanf 对输入数据的判断按照与格式控制字符串匹配的原则,因此在输入 a=1,b=2 时,两个式子中间的逗号不能用空格替换。

（3）5.678Xy 输入必须连续,中间不能有空格、回车、Tab 键等,因为这些都会被视作字符。

3.11 从键盘输入 5 个大写字母,将其全部转化为小写字母,然后输出到一个磁盘文件 output.txt 中保存。

参考程序：

```c
#include <stdio.h>
int main(void)
{
    FILE* fp;
    char a,b,c,d,e;
    char t;

    fp = fopen("output.txt", "w+");
    scanf("%c%c%c%c%c", &a,&b,&c,&d,&e);
    fprintf(fp, "%c%c%c%c%c", a-'A'+'a',b-'A'+'a',c-'A'+'a',
        d-'A'+'a',e-'A'+'a');
    rewind(fp);
```

```
    fscanf(fp, "%c", &t);
    printf("%c", t);
    fscanf(fp, "%c", &t);
    printf("%c", t);
    fscanf(fp, "%c", &t);
    printf("%c", t);
    fscanf(fp, "%c", &t);
    printf("%c", t);
    fscanf(fp, "%c", &t);
    printf("%c", t);
    fclose(fp);

    return 0;
}
```

解析：

（1）文本文件需要写和读功能时，可采用"w+"打开文件，其中具体符号含义可参考习题 3.4 的解答。

（2）fprintf 函数可以通过格式控制符"%c"写入字符，fscanf 函数可以通过格式控制符"%c"读取字符。

（3）fprintf 和 fscanf 函数可以采用多个"%c"进行多个字符的写入和读取。

（4）可以尝试修改参考程序，通过调用一次 fscanf 函数读取 5 个字符。

3.12 将自然数 1~9 以及它们的立方写入名为 Cube.txt 的文件中，然后再读出显示在屏幕上。要求分别按文本文件格式和二进制文件格式进行数据的存储和读取，比较写入文件的大小。

参考程序：

（1）文本文件的输入和输出。

```
#include <stdio.h>
int main(void)
{
    FILE* fp;
    int n, cube, size;

    fp = fopen("Cube.txt", "w+");        // 文本文件格式读写为"w+"
    n = 1;                                // 依次计算 n 和 n*n*n
    cube = n*n*n;
    fprintf(fp,"%d,%d\n", n, cube);      // 将 n 和 cube 写入文件中
    n = 2;
    cube = n*n*n;
    fprintf(fp,"%d,%d\n", n, cube);
    n = 3;
    cube = n*n*n;
    fprintf(fp,"%d,%d\n", n, cube);
    n = 4;
    cube = n*n*n;
```

```
    fprintf(fp,"%d,%d\n", n, cube);
    n = 5;
    cube = n*n*n;
    fprintf(fp,"%d,%d\n", n, cube);
    n = 6;
    cube = n*n*n;
    fprintf(fp,"%d,%d\n", n, cube);
    n = 7;
    cube = n*n*n;
    fprintf(fp,"%d,%d\n", n, cube);
    n = 8;
    cube = n*n*n;
    fprintf(fp,"%d,%d\n", n, cube);
    n = 9;
    cube = n*n*n;
    fprintf(fp,"%d,%d\n", n, cube);

    rewind(fp);                          // 更新 fp 指向到文件头位置
    fscanf(fp,"%d,%d", &n, &cube);       // 读取文件,验证结果
    printf("%d,%d\n", n, cube);
    fscanf(fp,"%d,%d", &n, &cube);
    printf("%d,%d\n", n, cube);
    fscanf(fp,"%d,%d", &n, &cube);
    printf("%d,%d\n", n, cube);
    fscanf(fp,"%d,%d", &n, &cube);
    printf("%d,%d\n", n, cube);
    fscanf(fp,"%d,%d", &n, &cube);
    printf("%d,%d\n", n, cube);
    fscanf(fp,"%d,%d", &n, &cube);
    printf("%d,%d\n", n, cube);
    fscanf(fp,"%d,%d", &n, &cube);
    printf("%d,%d\n", n, cube);
    fscanf(fp,"%d,%d", &n, &cube);
    printf("%d,%d\n", n, cube);
    fscanf(fp,"%d,%d", &n, &cube);
    printf("%d,%d\n", n, cube);

    fseek(fp,0L, SEEK_END);              // 调整 fp 指向文件尾
    size = ftell(fp);                    // 获得文件的大小,采用字节数表示
    printf("文件大小为: %d 字节\n", size);  // 57
    fclose(fp);

    return 0;
}
```

(2) 二进制文件的输入和输出。

```
#include <stdio.h>
int main(void)
```

```
{
    FILE* fp;
    int n, cube, size;

    fp = fopen("Cube.txt", "wb+");                      //二进制文件格式读写"wb+"
    n = 1;                                              // 依次计算 n 和 n*n*n
    cube = n*n*n;
    fwrite(&n, sizeof(n), 1, fp);                       // 将 n 写入文件中
    fwrite(&cube, sizeof(cube), 1, fp);                 // 将 cube 写入文件中
    n = 2;
    cube = n*n*n;
    fwrite(&n, sizeof(n), 1, fp);
    fwrite(&cube, sizeof(cube), 1, fp);
    n = 3;
    cube = n*n*n;
    fwrite(&n, sizeof(n), 1, fp);
    fwrite(&cube, sizeof(cube), 1, fp);
    n = 4;
    cube = n*n*n;
    fwrite(&n, sizeof(n), 1, fp);
    fwrite(&cube, sizeof(cube), 1, fp);
    n = 5;
    cube = n*n*n;
    fwrite(&n, sizeof(n), 1, fp);
    fwrite(&cube, sizeof(cube), 1, fp);
    n = 6;
    cube = n*n*n;
    fwrite(&n, sizeof(n), 1, fp);
    fwrite(&cube, sizeof(cube), 1, fp);
    n = 7;
    cube = n*n*n;
    fwrite(&n, sizeof(n), 1, fp);
    fwrite(&cube, sizeof(cube), 1, fp);
    n = 8;
    cube = n*n*n;
    fwrite(&n, sizeof(n), 1, fp);
    fwrite(&cube, sizeof(cube), 1, fp);
    n = 9;
    cube = n*n*n;
    fwrite(&n, sizeof(n), 1, fp);
    fwrite(&cube, sizeof(cube), 1, fp);

    rewind(fp);                                         // 更新 fp 指向到文件头位置
    fread(&n, sizeof(n), 1, fp);                        // 读取文件,验证结果
    fread(&cube, sizeof(cube), 1, fp);
    printf("%d,%d\n", n, cube);
    fread(&n, sizeof(n), 1, fp);
    fread(&cube, sizeof(cube), 1, fp);
    printf("%d,%d\n", n, cube);
    fread(&n, sizeof(n), 1, fp);
```

```
fread(&cube, sizeof(cube), 1, fp);
printf("%d,%d\n", n, cube);
fread(&n, sizeof(n), 1, fp);
fread(&cube, sizeof(cube), 1, fp);
printf("%d,%d\n", n, cube);
fread(&n, sizeof(n), 1, fp);
fread(&cube, sizeof(cube), 1, fp);
printf("%d,%d\n", n, cube);
fread(&n, sizeof(n), 1, fp);
fread(&cube, sizeof(cube), 1, fp);
printf("%d,%d\n", n, cube);
fread(&n, sizeof(n), 1, fp);
fread(&cube, sizeof(cube), 1, fp);
printf("%d,%d\n", n, cube);
fread(&n, sizeof(n), 1, fp);
fread(&cube, sizeof(cube), 1, fp);
printf("%d,%d\n", n, cube);
fread(&n, sizeof(n), 1, fp);
fread(&cube, sizeof(cube), 1, fp);
printf("%d,%d\n", n, cube);

fseek(fp,0L, SEEK_END);              // 调整 fp 指向文件尾
size = ftell(fp);                    // 获得文件的大小,采用字节数表示
printf("文件大小为: %d 字节\n", size);   // 72
fclose(fp);

return 0;
}
```

解析:

(1) 在参考程序中,rewind 函数用于将文件内部的位置指针重新指向文件的开头; ftell 函数用于得到文件位置指针当前位置相对于文件首的偏移字节数,由于预先通过 fseek 函数令文件位置指针指向了文件尾部,因此 ftell 函数返回的结果等价于文件大小。

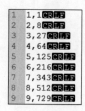

图 3.2 习题 3.12 写入文本
文件的内容示意

(2) 文本文件中数值按照 ASCII 码进行写入,等价于字符数,由于 Windows 下 '\n' 的编码是 CR 和 LF 两个字符(见图 3.2),故每个换行符占 2 字节。从图 3.2 中可知,第 1 行和第 2 行每行 5 个字符,第 3 行和第 4 行每行 6 个字符,其他各行每行 7 个字符。因此文件的总字节数为 57。

(3) 二进制文件中数值直接按编码写入,整数占 4 字节,故 18 个数字共计 72 字节。

3.13   任意输入 5 个字符,按二进制格式写入一个文件,再按二进制方式读取并显示在屏幕上。

参考程序:

```c
#include <stdio.h>
int main(void)
{
    FILE* fp;
    char a,b,c,d,e;
    char t;

    fp = fopen("output.txt", "wb+");        // 按二进制格式打开文件
    scanf("%c%c%c%c%c", &a,&b,&c,&d,&e);    // 从键盘读入字符
    fwrite(&a, sizeof(char), 1, fp);
    fwrite(&b, sizeof(char), 1, fp);
    fwrite(&c, sizeof(char), 1, fp);
    fwrite(&d, sizeof(char), 1, fp);
    fwrite(&e, sizeof(char), 1, fp);
    rewind(fp);
    fread(&t, sizeof(char), 1, fp);         // 读取数据,验证结果
    printf("%c", t);
    fread(&t, sizeof(char), 1, fp);
    printf("%c", t);
    fread(&t, sizeof(char), 1, fp);
    printf("%c", t);
    fread(&t, sizeof(char), 1, fp);
    printf("%c", t);
    fread(&t, sizeof(char), 1, fp);
    printf("%c", t);
    fclose(fp);

    return 0;
}
```

解析:

(1) 5 个字符需要采用"%c"格式控制符依次输入给变量 a,b,c,d,e。

(2) 以上程序存在需要重复执行的读写语句。在学习完后续内容后,可采用循环控制语句实现重复读写。

3.14 任意输入 6 个字符,将其写入一个文件中,从文件头开始,读取其中第 3 个字符和第 5 个字符并显示在屏幕上。

参考程序:

```c
#include <stdio.h>
int main(void)
{
    FILE* fp;
    char a;
    char t;
```

```
fp = fopen("output.txt", "wb+");          // 按二进制格式打开文件
scanf("%c", &a);
fwrite(&a, sizeof(char), 1, fp);
scanf("%c", &a);
fwrite(&a, sizeof(char), 1, fp);
scanf("%c", &a);
fwrite(&a, sizeof(char), 1, fp);
scanf("%c", &a);
fwrite(&a, sizeof(char), 1, fp);
scanf("%c", &a);
fwrite(&a, sizeof(char), 1, fp);
scanf("%c", &a);
fwrite(&a, sizeof(char), 1, fp);
fseek(fp, 2, SEEK_SET);                    // 调整文件位置标记到第 3 个字符位置
fread(&t, sizeof(char), 1, fp);
printf("%c", t);
fseek(fp, 4, SEEK_SET);                    //调整文件位置标记到第 5 个字符位置
fread(&t, sizeof(char), 1, fp);
printf("%c", t);
fclose(fp);

return 0;
}
```

解析：

（1）fseek 函数可以设置读取当前位置标记，其一般形式为

```
fseek(文件类型指针,位移量,起始点)
```

其中，起始点有 3 种选择：文件开始位置、文件当前位置和文件末尾位置，分别用符号常量 SEEK_SET、SEEK_CUR、SEEK_END 表示，或者直接使用数字 0、1、2；位移量表示以起始点为基点，向前（向文件末尾方向）或向后（向文件开始方向）移动的字节数，正数表示向前移动的字节数，负数表示向后移动的字节数。

（2）第 3 个和第 5 个字符需要文件指针分别相对开始移动 2 个和 4 个字节。

（3）请尝试使用 SEEK_END 来实现文件指针的定位。

3.2 补充习题

1. 若有定义"int a = 100;"，则语句"printf("%d%d%d \n", sizeof("a"), sizeof(a), sizeof(3.14));"的输出是（   ）。

    （A）328   （B）248   （C）238   （D）421

2. 有如下程序段：

```
int x = 12;
double y = 3.141593;
```

```
printf("%d%8.6f ", x, y);
```

其输出结果是(   )。

    (A) 123.141593   (B) 12 3.141593

    (C) 12,3.141593   (D) 123.1415930

3. 已知字符'A'的 ASCII 码值是65,字符变量 cl 的值是'A',c2 的值是'D',则执行语句"printf("%d,%d",c1,c2-2);"的输出结果是(   )。

    (A) 65,68   (B) A,68   (C) A,B   (D) 65,66

4. 设变量均已正确定义,若要通过

```
scanf("%d%c%d%c", &a1, &c1, &a2, &c2);
```

语句为变量 a1 和 a2 赋数值10 和20,为变量 c1 和 c2 赋字符 X 和 Y。下面输入形式中正确的是(   )。(注:□代表空格字符)

    (A) 10□X<回车>   (B) 10□X20□Y<回车>

         20□Y<回车>

    (C) 10X<回车>   (D) 10□X□20□Y<回车>

         20Y<回车>

5. 以下程序段完全正确的是(   )。

    (A) int * p; scanf("%d", &p);

    (B) int * p; scanf("%d", p);

    (C) int k, * p=&k; scanf("%d", p);

    (D) int k, * p; * p=&k; scanf("%d", p);

6. 设文件指针 fp 已定义,执行语句"fp = fopen("file","w");"后,以下针对文本文件 file 操作叙述的选项中正确的是(   )。

    (A) 只能写不能读   (B) 写操作结束后可以从头开始读

    (C) 可以在原有内容后追加写操作   (D) 可以随意读和写

7. 编写程序,用 * 号输出大写字母 E 的图案,并将该图案写入 data.txt 中。

8. 编写程序,从键盘输入一些字符,逐个把它们送到磁盘上去,直到输入一个#为止。

第

4

章

让计算机做复杂的事情

4.1　习题解析

4.1　在 C 语言中实现选择结构程序的关键字有哪些？可以实现的语句有哪些？分别写出语句的语法描述。

参考答案：C 语言中实现选择结构程序的关键字有 if-else 和 switch,它们分别可以实现二选一的 if 语句,多选一的 switch 语句。

if-else 语句的语法描述为

```
if(表达式) 语句 1 [else 语句 2]
```

该语句的执行过程为：当表达式的值为非零时,执行语句 1；当表达式的值为零时,执行语句 2。这里的[ ]表示可选项,也就是 else 子句在 if 语句的语法规定中可以存在,也可以不存在。当有 else 分支时,说明两个分支都有要执行的语句；当没有 else 分支时,说明当表达式的值为零时,不需要执行任何语句。

switch 语句的语法描述为

```
switch(表达式)
{
    case 整型常量 1:[若干语句]
    case 整型常量 2:[若干语句]
     ⋮
    case 整型常量 n:[若干语句]
    default:[若干语句]
}
```

该语句的执行过程为：当表达式等于某个整型常量(例如整型常量 1)时,会执行该常量对应分支(例如 case 整型常量 1)后接的若干语句；若不等于整型常量 1 到整型常量 n 中的任何一个常量,则执行 default 分支后接的若干语句。通常,每个分支中的若干语句最后一句都是 break,以结束 switch 语句的执行；否则,程序会顺序执行该分支后续所有 case 情形中的语句,直到遇到 break 或者执行到 switch 语句最后的"}"。

4.2　在嵌套 if 语句中,如何判定 else 与哪个 if 配对？

参考答案：由于 else 不能单独存在,因此 else 必须和 if 配对出现。

在嵌套 if 语句中,可能存在多个 else 的情况。由 if-else 语句的语法描述可知,else 语句总是与它前面最近的未配对的 if 语句配对。也就是说,在出现关键字 else 时,需要在 else 的代码位置之前找 if,而且是找最近的未配对 if 语句。配对是指,在关键字 if 之后,else 之前没有出现其他孤立的 else(即使出现了其他的 else,也有 if 与它成对出现)。

4.3　在 C 语言中实现循环结构程序的关键字有哪些？可以实现的语句有哪些？分别写出语句的语法描述。

参考答案：在 C 语言中实现循环结构程序的关键字有 while、do 和 for。可以实现的语句包括 while 语句、do-while 语句和 for 语句。

while 语句的语法描述为

```
while(表达式) 语句
```

该语句的执行过程为:当表达式的值为零时,不执行语句,结束 while 语句的执行过程;当表达式的值为非零时,执行语句并再次判断表达式的值。因此,当表达式的值多次为非零时,就实现了循环。

do-while 语句的语法描述为

```
do 语句 while(表达式);
```

该语句的执行过程为:先执行语句,之后判断表达式的值。当表达式的值为零时,不执行语句,结束 do-while 语句的执行过程;当表达式的值为非零时,继续执行语句并再次判断表达式的值。因此,当表达式的值多次为非零时,就实现了循环。

for 语句的语法描述为

```
for(表达式 1;表达式 2;表达式 3) 语句
```

该语句的执行过程为:先计算表达式 1 的值,然后计算表达式 2 的值,当表达式 2 的值为零时,结束 for 语句的执行过程;若表达式 2 的值为非零,则执行语句,之后计算表达式 3 的值,并再次判断表达式 2 的值。因此,当表达式 2 的值多次为非零时,就实现了循环。

4.4　简要说明 break 语句和 continue 语句的区别。

参考答案:(1) 在 C 语言中,break 语句可以用在 switch 语句和 3 种循环语句中。continue 语句只能用在 3 种循环语句中。

(2) break 的英文原意是"突破,打破",在程序中表示破坏原有的分支或循环执行过程,提前结束 switch 语句或循环语句的执行。continue 的英文原意是"继续",在程序中表示继续循环执行过程,这时循环体中的后续语句将被跳过。

(3) 举例:

```
for(i=0;i<5;i++)
{
    if (i == 3) break;
    print("%d",i);
}
```

上述语句的执行结果是在屏幕上输出 012。

```
for(i=0;i<5;i++)
{
    if (i == 3) continue;
    print("%d",i);
}
```

上述语句的执行结果是在屏幕上输出 0124。

4.5　编写程序,从键盘输入 3 个整数,若其中有两个是奇数,一个是偶数,则输出

YES,否则输出 NO。

参考程序：

```
#include <stdio.h>
int main(void)
{
    int a,b,c;
    int number = 0;

    scanf("%d %d %d",&a,&b,&c);
    if (a%2!=0) number++;         //如果 a 是奇数,则 number 加 1;如果 a 是偶数,则
                                   //number 不变

    if (b%2!=0) number++;
    if (c%2!=0) number++;
    if (number==2)                //如果有两个数是奇数,则 number 的值是 2
        printf("Yes\n");
    else
        printf("No\n");

    return 0;
}
```

解析：

(1) 本题要求有两种输出结果,因此可以判定这是一个二分支结构的程序。

(2) 判断整数是奇数或偶数的基本方法是利用 2 取余,判断结果是为 1 还是为 0。

(3) 由于对 2 取余的结果只有 0 或 1 两种可能,因此程序也可以按如下方法实现:

```
number = number+(a%2);
number = number+(b%2);
number = number+(c%2);
```

4.6 编写程序,从键盘输入一个数字,对这个数字的性质进行判断。如果这个数字能被 3 或 5 或 7 整除,则输出该整数整除这些数后的商。如果能同时整除这些数中的几个,则将这些商均输出。例如,从键盘输入 40,则输出 8;从键盘输入 70,则输出 10,14。

参考程序：

```
#include <stdio.h>
int main(void)
{
    int a;

    scanf("%d",&a);
    if (a%3==0)                   //只有整除时才输出结果,因此没有 else 子句
        printf("%4d",a/3);
    if (a%5==0)
        printf("%,4d",a/5);
```

```
    if (a%7==0)
        printf("%,4d",a/7);

    return 0;
}
```

解析：

（1）本题要求区分能否整除的情况,因此可以利用二分支结构实现程序功能。

（2）注意,判断整除"/"和取余"%"的计算方法有区别。a%3==0,通过判断取余结果是否为 0 确定是否整除,而 a/3 用于计算整除结果。

4.7 编写程序,从键盘上读入两个数,作为某个单位圆(半径为 1)的圆心平面坐标。再输入两个数,作为另外某个点的平面坐标。判断该点和单位圆的位置关系,点是在圆内、圆外还是圆周上。

参考程序：

```
#include <stdio.h>
int main(void)
{
    float x0,y0;                //记录第一个点的平面坐标
    float x1,y1;                //记录第二个点的平面坐标
    float distance;

    scanf("%f %f",&x0,&y0);
    scanf("%f %f",&x1,&y1);
    printf("圆心位于(%f,%f)\n",x0,y0);
    printf("要判断的点位于(%f,%f)\n",x1,y1);
    distance = (x1-x0)*(x1-x0)+(y1-y0)*(y1-y0); //这里计算的是距离的平方
    if (distance>1.0)
        printf("点位于圆外\n");
    else
        if (distance<1.0)
            printf("点位于圆内\n");
        else
            printf("点位于圆上\n");

    return 0;
}
```

解析：

（1）点和圆的位置关系有 3 种：圆内、圆外和圆周上。因此,这是一个多分支结构的程序。

（2）两个点的距离计算需要使用到平方与平方根运算。C 语言中没有专门的平方与平方根运算符,在写计算表达式时需要注意。参考代码中只使用了(x1-x0)*(x1-x0)+(y1-y0)*(y1-y0)来计算平方和,并未计算平方根。如果使用平方根函数 sqrt( ),要注意应包含头文件 math.h。

4.8　编写程序,提示用户输入两个日期,然后显示哪一个日期更早。

例如,输入两个日期,分别是 2008 年 3 月 6 日和 2020 年 5 月 1 日,则输出结果 2008 年 3 月 6 日早于 2020 年 5 月 1 日。

参考程序:

```
#include <stdio.h>
#include <stdlib.h>          //由于使用了 exit 函数,因此需要包含 stdlib 头文件
int main()
{
    int y1,m1,d1;            //记录第一个日期的年、月、日
    int y2,m2,d2;            //记录第二个日期的年、月、日
    int flag = 0;            //标志变量,记录日期比较结果

    scanf("%d年%d月%d日",&y1,&m1,&d1);
    scanf("%d年%d月%d日",&y2,&m2,&d2);
    //对输入的第一个日期进行判断,保证输入不出错
    if ((m1<1)||(m1>12))
    {
        printf("你输入的第一个月份有问题\n");
        exit(-1);
    }
    else
    {
        if((d1<1)||(d1>31))     //由于每个月的天数不同,判断要区分不同的情况
        {
            printf("你输入的第一个日期有问题\n");
            exit(-1);
        }
        else
            switch(m1)          //使用 switch 来区分 2,4,6,9,11 这几个月份的天数
            {
                case 4:
                case 6:
                case 9:
                case 11:
                    if (d1==31)
                    {
                        printf("你输入的第一个日期有问题\n");
                        exit(-1);
                    }
                case 2:
                    if (d1>29)
                    {
                        printf("你输入的第一个日期有问题\n");
                        exit(-1);
                    }
                    if (((y1%400==0)||(y1%4==0&&y1%100!=0))==0)
                        if (d1==29)
```

```
                {
                    printf("你输入的第一个日期有问题\n");
                    exit(-1);
                }
        }
    }

    //对输入的第二个日期进行判断,保证输入不出错
    if ((m2<1)||(m2>12))
    {
        printf("你输入的第二个月份有问题\n");
        exit(-1);
    }
    else
    {
        if((d2<1)||(d2>31))        //由于每个月的天数不同,判断要区分不同的情况
        {
            printf("你输入的第二个日期有问题\n");
            exit(-1);
        }
        else
            switch(m2)            //使用 switch 来区分 2,4,6,9,11 这几个月份的天数
            {
                case 4:
                case 6:
                case 9:
                case 11:
                    if (d2==31)
                    {
                        printf("你输入的第二个日期有问题\n");
                        exit(-1);
                    }
                case 2:
                    if (d2>29)
                    {
                        printf("你输入的第二个日期有问题\n");
                        exit(-1);
                    }
                    if (((y2%400==0)||(y2%4==0&&y2%100!=0))==0)
                        if (d2==29)
                        {
                            printf("你输入的第二个日期有问题\n");
                            exit(-1);
                        }
            }
    }
```

```
//判断两个日期的大小关系
printf("你输入的第一个日期是%4d年%2d月%2d日\n",y1,m1,d1);
printf("你输入的第二个日期是%4d年%2d月%2d日\n",y2,m2,d2);
if (y2==y1)
{
    if (m2==m1)
    {
        if (d2<d1)
            flag = 1;
        else
            if (d2==d1)
                flag = 2;
    }
    else
    {
        if (m2<m1)
            flag = 1;
    }
}
else
    if (y2<y1)
        flag = 1;

if (flag==0)
    printf("%4d年%2d月%2d日早于%4d年%2d月%2d日",y1,m1,d1,y2,m2,d2);
else
    if (flag==1)
        printf("%4d年%2d月%2d日晚于%4d年%2d月%2d日",y1,m1,d1,y2,m2,d2);
    else
        printf("%4d年%2d月%2d日与%4d年%2d月%2d日同一天",y1,m1,d1,y2,m2,d2);

return 0;
}
```

解析：

（1）关于日期的判断有 3 种结果,这个程序是一个多分支结构的程序；为了便于判断,采用 flag 作为判断标志。默认 flag 为 0,第一个日期小于第二个日期。flag 为 1 时,第一个日期大于第二个日期。flag 为 2 时,第一个日期和第二个日期相同。

（2）在判断日期早晚时,年份、月份和日期 3 个数的作用存在区别,只有在年份相同的条件下才需要比较月份,只有在年份、月份都相同的条件下才需要比较具体的日期,因此需要采用 if 嵌套结构。需要注意 if 和 else 的配对。建议用必要的"{ }"明确地区分语句的起始位置。

（3）参考程序中加入了对日期有效性的判断,和教材例 4.4 的实现方式并不相同,请注意在实现时选择合适的程序段。

4.9　编写程序,将 1000~20 000 中所有是某个整数的平方的数输出。

参考程序:

```
#include <stdio.h>
int main(void)
{
    int i;
    for (i=30;i<200;i++)          // 遍历 30 到 200 的数
        if ((i*i<=20000)&&(i*i>=1000))
            printf("%d\t",i);
    printf("\n");
    return 0;
}
```

解析:

(1) 本题需要输出多个数据,需要实现一个循环结构的程序。

(2) 参考程序中并不是直接去判断一个数的平方根是否为整数,而是通过遍历整数,判断整数的平方是否位于待求的范围之内来判断。合理利用这种问题转换的思路,可以增加解决问题的灵活性,很多时候可以简化计算过程。

4.10　编写程序,从键盘输入一个正整数,判断该数是否为素数。素数是除了 1 和自身之外没有因数的正整数,例如 2、3、5 等。

参考程序:

```
#include <stdio.h>
int main(void)
{
    int i,j;
    int flag = 0;

    scanf("%d",&i);
    for (j=2;j<i;j++)
        if (i%j==0)
        {
            flag = 1;
            break;
        }
    if(flag==0)
        printf("%d 是素数\n",i);
    else
        printf("%d 不是素数\n",i);

    return 0;
}
```

解析:

(1) 判断素数是一个典型的循环结构问题,需要进行多次试商才能得到答案。

（2）利用 break 可以提前结束循环,避免不必要的循环出现。

（3）根据整数的计算规律,循环控制条件 j<i 可以修改为 j<=i/2,也可以修改为 j<=sqrt(i),这样都可以降低计算复杂度。

4.11 编写程序,将 1000 以内所有的素数输出。

参考程序:

```c
#include <stdio.h>
int main(void)
{
    int i,j;
    int flag = 0;

    printf("2\n");
    for(i=3;i<=1000;i=i+2)    // 1000 以内数的循环
    {
        flag = 0;                    // 判断素数的循环
        for (j=3;j<=i/2;j=j+2)
            if (i%j==0)
            {
                flag = 1;
                break;
            }
        if(flag==0)
            printf("%d\n",i);
    }

    return 0;
}
```

解析:

（1）由于判断素数需要循环结构来实现,而本题要多次判断素数,因此可以使用循环嵌套结构来实现。

（2）为减少循环次数,在对 1000 以内的素数进行循环逐次计算时,将循环设定从 3 开始,只判断奇数的情况,因为根据素数的性质,2 是素数(单独输出),其他偶数均不是素数(不再出现在循环中),而在试商的过程中,也不再用偶数去试除。

（3）注意,判断标志 flag 每次都要重新赋值为 0。

4.12 编写程序,从键盘输入一个数字,对该数进行素因数分解。例如,从键盘输入 17,则输出 17;从键盘输入 40,则输出 2*2*2*5。

参考程序:

```c
#include <stdio.h>
int main(void)
{
    int i,j,k;
```

```
        scanf("%d",&i);
        k = i;
        j = 2;
        do{
            while(k%j==0)            // 判断是否可以整除
            {
                if(k==j)
                    printf("%d\n",j);
                else
                    printf("%d*",j);
                k = k/j;             // 除以因数,更新待判断的数
            }
            j=j+1;
        }while(j<=k);

        return 0;
    }
```

解析:

(1) 很多人可能会认为素因数分解需要分两步来完成:一步是先判断数据是否是素数,然后再根据数据的性质分类计算。如果是素数,分解结果就是 1 和它自身。如果是合数,则用已知的素数去分解。实际上,那样实现的程序会很复杂。由于在判定素数的过程中就在不断地试商,因此如果 k 不是素数,那么试商时就自动实现了因数分解;而如果是素数,那么试商中也不会对数据进行分解。因此,参考程序直接对数据进行试商计算。

(2) 参考程序中使用了一个中间变量 k,记录试商的中间结果。由于可能存在同一个因数多次相乘的结果,因此使用了循环嵌套。

(3) 根据输出的需要,参考程序区分了最后一个因数的输出和其他因数的输出,判定最后一个输出的条件就是中间结果 k 和除数 j 相同,这时计算之后 k 为 1,将退出循环。

4.13 编写程序,求 1+1/4+1/7+1/10+1/13+1/16+… 的前 10 项之和,输出时保留 3 位小数。

参考程序:

```
#include <stdio.h>
int main(void)
{
    int i;
    float sum = 0;
    for(i=0;i<10;i++)            // 遍历前 10 项
        sum = sum + 1.0/(3*i+1);
    printf("sum=%.3f\n",sum);

    return 0;
}
```

解析:

(1) 数列求和是一个典型的循环结构问题,可以利用循环语句来实现计算的程序。

(2) 观察数列的通项是 $1/(3*n+1)$,循环中准确计算通项就可实现;循环的起始条件 $i=0$,结束条件为 i 等于 10,由此可以确定 for 语句中的表达式。

(3) 在计算中注意数据类型和输出时的精度要求。

4.14 编写程序,从键盘输入一个整数(小于 10),计算 $1!+2!+\cdots+n!$。

参考程序:

```c
#include <stdio.h>
int main(void)
{
    int i,n;
    long frac = 1;
    long sum = 0;

    scanf("%d",&n);
    for (i=1;i<=n;i++)
    {
        frac = frac * i;
        sum = sum + frac;
    }
    printf("sum=%ld\n",sum);

    return 0;
}
```

解析:

(1) 数列求和是一个典型的循环结构问题,可以利用循环语句来实现计算的程序。

(2) 观察数列的通项是 $n!$,由于相邻的通项有简洁的更新公式,因此在计算 $n!$ 时不需要再次利用循环,而是在求和过程中相应地更新通项即可。

(3) 若 n 大于 10,由于整型数据表示范围有限,则可能会出现计算溢出的情况。

4.15 从键盘输入一个正整数,按输入顺序的反方向输出。例如,输入数据为 345,则输出结果为 543。

参考程序:

```c
#include <stdio.h>
int main(void)
{
    int n;
    int i;

    scanf("%d",&n);
    if (n<=0)
        printf("你输入的不是正数\n");
    else
```

```
    {
        while(n>0)                   // 当 n 不为 0 时始终循环
        {
            i = n%10;
            printf("%d",i);
            n = n/10;                // 保留 n 除个位以外的各位数字
        }
    }

    return 0;
}
```

解析：

（1）对整数的各位数字进行处理，需要使用循环结构。

（2）循环执行 k=n%10,n=n/10,可以提取整数各位上的数字。

4.16　编写程序，从键盘任意输入若干数字，输入 0 结束。计算所有正数的和，以及奇数、偶数的个数。

参考程序：

```
#include <stdio.h>
int main(void)
{
    int odd,even,n,sum;

    odd = 0;
    even = 0;
    sum = 0;
    scanf("%d",&n);
    while(n!=0)
    {
        if (n>0)
        {
            sum = sum + n;
        }
        if (n%2==0)
            even++;
        else
            odd++;
        scanf("%d",&n);
    }
    printf("所有正数的和=%d\n",sum);
    printf("偶数共有%d个,奇数共有%d个\n",even,odd);

    return 0;
}
```

解析：

（1）数据统计是循环结构能实现的典型功能，需要注意数据输入结束的条件；由于循环次数未知，所以这里使用 while 语句来实现。

（2）循环中需要再次读取键盘输入，不要遗忘。

（3）特别应注意，在统计数据时，初始值要设置为 0。

4.17　编写程序，求解不定方程 $15x+8y+z=300$ 的所有正整数解。

参考程序：

```
#include <stdio.h>
int main(void)
{
    int x,y,z;

    for (x=1;x<=20;x++)              // 对可能的 x 取值进行遍历
        for(y=1;y<=37;y++)          // 对可能的 y 取值进行遍历
        {
            z = 300-15*x-8*y;      // 利用关系式直接计算 z 的取值
            if (z>0)
                printf("%d%d%d\n",x,y,z);
        }

    return 0;
}
```

解析：

（1）这是一个有 3 个未知数的方程求解问题，只有一个方程。可以利用穷举法来实现求解。

（2）穷举法中可以利用两个未知数（x 和 y）进行遍历，第三个数 z 直接由方程计算得到。也可以利用其他组合（x 和 z 或者 y 和 z）来进行遍历求解。

（3）考虑求解范围是正整数解，因此可以判定每个变量的取值区间，利用较小区间的未知数来遍历，将减少循环的次数。

4.18　编写程序，计算所有水仙花数，并输出水仙花数的个数。水仙花数是指其每一位数字的立方和等于该整数的 3 位数。

参考程序：

```
#include <stdio.h>
int main(void)
{
    int k,m,n;

    for (k=1;k<10;k++)
        for(m=0;m<10;m++)
            for(n=0;n<10;n++)
            {
```

```
        if(100*k+10*m+n == k*k*k+m*m*m+n*n*n)
            printf("%d%d%d\n",k,m,n);
        }

    return 0;
}
```

解析：

（1）这是一个 3 位数范围内的求解问题，可以采用穷举方法来遍历求解。

（2）参考程序利用 3 个数字 k、m 和 n 来嵌套循环实现，这 3 个数字分别记录了百位数、十位数和个位数。也可以用一个整数从 100 遍历到 999 的循环过程来求解，这时需要提取各个数位上的数字。

4.19 编写程序，在屏幕上显示三角形九九乘法口诀表。

参考程序：

```
#include <stdio.h>
int main(void)
{
    int i,j;

    for(i=1;i<10;i++)                   // 从 1 到 9 遍历
    {
        for(j=1;j<=i;j++)               // 三角形的形状控制
            printf("%2d*%2d=%3d ",j,i,i*j);
        printf("\n");
    }

    return 0;
}
```

解析：

（1）九九乘法口诀表是一个三角形，涉及不同的行和不同的列，因此需要利用二重循环来实现。

（2）注意循环的控制，要实现三角形，内层循环的次数需要有变化。参考程序中实现的是 j<=i。

4.20 编写程序，求解"百钱买百鸡"的问题。《算经》中记载了这样一个问题：鸡翁一，值钱五；鸡母一，值钱三；鸡雏三，值钱一；百钱买百鸡，则翁、母、雏各几何？（提示，使用穷举法实现）

参考程序：

```
#include <stdio.h>
int main(void)
{
    int cock,hen,chicken;
```

```
for(chicken=3;chichen<100;chicken=chicken+3)
    for(cock=1;cock<100;cock++)
    {
        hen = 100 - cock - chicken;
        if (cock*5+hen*3+chicken/3==100)
            printf("公鸡、母鸡和小鸡分别有%d,%d,%d\n",cock,hen,chicken);
    }

    return 0;
}
```

解析：

（1）这是一个有 3 个未知数（小鸡、公鸡和母鸡的个数）的方程求解问题，只有两个方程，分别关于鸡的个数总和与买鸡的总钱数。可以利用穷举法来实现求解。

（2）穷举法中可以利用两个未知数（小鸡和公鸡的个数）进行遍历，取一个条件（鸡的总数是 100）来约束第三个未知数（母鸡个数）的取值，取另外一个条件（买鸡花费了 100）来判断是否满足方程。

（3）由于最终的钱数是整数，而公鸡、母鸡的单价都是整数，所以小鸡的个数一定是 3 的倍数，从这点来考虑，那么利用小鸡来遍历，需要搜索的次数更少一些，因此参考程序中最外层的循环利用 chicken 来实现。

4.2　补充习题

1. 若要求：当数学式 $3<x<7$ 成立时，使得 $y=1$，且设 x、y 为 int 型变量，则以下能够实现这一要求的选项是（　　）。

（A）if(x>3)　　　　　　　　　　　　（B）if(x>3||x<7)　y=1;
　　　 if(x<7)　y=1;

（C）if(x<3)　y=1;　　　　　　　　　（D）if(!(x<=3))　y=1;
　　　 else if(x<7)　y=1;　　　　　　　　　 else if(7>x)　y=1;

2. if 语句的基本形式是：if(表达式) 语句，以下关于"表达式"的值的叙述中正确的是（　　）。

（A）必须是逻辑值　　　　　　　　　（B）必须是整数值

（C）必须是正数　　　　　　　　　　（D）可以是任意合法的数值

3. 有以下程序：

```
#include <stdio.h>
int main(void)
{
    int x;
    scanf("%d",&x);
    if(x<=3);
```

```
    else if(x!=10)  printf("%d\n", x);
    return 0;
}
```

程序运行时,输入的值在哪个范围才会有输出结果?(   )

    (A) 小于 3 的整数   (B) 不等于 10 的整数

    (C) 大于 3 或等于 10 的整数   (D) 大于 3 且不等于 10 的整数

4. 有如下嵌套的 if 语句:

```
if(a<b)
    if(a<c)  k = a;
    else  k = c;
else
    if(b<c)  k = b;
    else  k = c;
```

以下选项中与上述 if 语句等价的语句是(   )。

    (A) k=(a<b)?((b<c)?a:b):((b>c)?b:c);

    (B) k=(a<b)?((a<c)?a:c):((b<c)?b:c);

    (C) k=(a<b)?a:b; k=(b<c)?b:c;

    (D) k=(a<b)?a:b; k=(a<c)?a:c;

5. 有以下程序:

```
#include <stdio.h>
int main(void)
{
    int a = 7;
    while(a--);
    printf("%d\n", a);
    return 0;
}
```

程序运行后的输出结果是(   )。

    (A) 0   (B) -1   (C) 1   (D) 7

6. 有以下程序:

```
#include <stdio.h>
int main(void)
{
    int k = 5;
    while(--k) printf("%d", k-=3);
    printf("\n");
    return 0;
}
```

程序执行后的输出结果是(   )。

    (A) 1   (B) 2   (C) 4   (D) 死循环

7. 有以下程序：

```c
#include <stdio.h>
int main(void)
{
    char b,c;
    int i;
    b = 'a';
    c = 'A';
    for(i=0;i<6;i++)
    {
        if(i%2) putchar(i+b);
        else putchar(i+c);
    }
    printf("\n");
    return 0;
}
```

程序运行后的输出结果是(   )。

　（A）abcdef　　　　（B）ABCDEF　　　（C）aBcDeF　　　（D）AbCdEf

8. 有以下程序：

```c
#include <stdio.h>
int main(void)
{
    int i,j,x=0;
    for(i=0;i<2;i++)
    {
        x++;
        for(j=0;j<=3;j++)
        {
            if(j%2)  continue;
            x++;
        }
        x++;
    }
    printf("x=%d\n",x);
    return 0;
}
```

程序执行后的输出结果是(   )。

　（A）x=4　　　　（B）x=8　　　　（C）x=6　　　　（D）x=12

9. 有以下程序：

```c
#include <stdio.h>
int main(void)
{
    int i,j;
```

```
    for(i=3;i>=1;i--)
    {
        for(j=1; j<=2; j++) printf("%d", i + j);
        printf("\n");
    }
    return 0;
}
```

程序运行后的输出结果是(   )。

  (A) 4 3   (B) 4 5   (C) 2 3   (D) 2 3

     2 5   3 4   3 4   3 4

     4 3   2 3   4 5   2 3

10. 有以下程序：

```
#include <stdio.h>
int main(void)
{
    int k = 5,n = 0;
    do
    {
        switch(k)
        {
            case 1: case 3: n+=1; k--; break;
            default: n = 0; k--;
            case 2: case 4: n+=2; k--; break;
        }
        printf("%d", n);
    }while(k>0&&n<5);
    return 0;
}
```

程序运行后的输出结果是(   )。

  (A) 02356   (B) 0235   (C) 235   (D) 2356

11. 以下程序的输出结果是(   )。

```
#include <stdio.h>
int main(void)
{
    int i,a,n = 1;
    while(n<=7) {
        do {
            scanf("%d",&a);
        }while(a<1||a>50);
        for(i=1;i<=a;i++)
            printf("*");
        printf("\n");
        n++;
    }
```

```
        getchar();
        return 0;
    }
```

12. 一个整数,它加上 100 后是一个完全平方数,再加上 168 又是一个完全平方数,请问该数是多少?

13. 一个数如果恰好等于它的因子之和,这个数就称为"完数"。例如 6 = 1+2+3。编写程序找出 1000 以内的所有完数。

14. 编写程序,输入一行字符,分别统计出其中英文字母、空格、数字和其他字符的个数。

15. 编写程序,输出如下杨辉三角形(要求输出 10 行)。

```
1
1  1
1  2  1
1  3  3  1
1  4  6  4  1
1  5  10  10  5  1
```

16. 编写程序,输出如下图案(菱形)。

```
   *
  ***
 *****
*******
 *****
  ***
   *
```

17. 编写程序,求 s = a+aa+aaa+aaaa+aa…a 的值,其中 a 是一个数字。例如 2+22+222+2222+22222(此时共有 5 个数相加),几个数相加由键盘控制。

18. 编写程序,对分数数列: 2/1,3/2,5/3,8/5,13/8,21/13…求出该数列的前 20 项之和。

19. 编写程序,输入一个 5 位数,判断它是不是回文数。例如,12321 是回文数,个位与万位相同,十位与千位相同。

20. 斐波那契数列问题:有一对兔子,从出生后第三个月起每个月都生一对兔子,小兔子长到第三个月后每个月又生一对兔子,假如兔子都不死,问每个月的兔子总数为多少?编程计算结果。

21. 有 5 个人坐在一起,问第五个人多少岁?他说比第四个人大 2 岁。问第四个人岁数,他说比第三个人大 2 岁。问第三个人,又说比第二个人大两岁。问第二个人,说比第一个人大两岁。最后问第一个人,他说是 10 岁。请问第五个人多大?

22. 计算如下问题,一球从 100 米高度自由落下,每次落地后反跳回原高度的一半,再落下,如此反复。求它在第 10 次落地时,共经过多少米?第 10 次反弹多高?

第5章

像搭积木一样搭建程序

5.1　习题解析

5.1　请联系生活中的例子,描述一下模块化思想。

参考答案:模块化思想使用非常广泛,在大规模的现代工业化生产随处可见。例如,计算机的制造过程就是模块化的生产过程。计算机的配件是模块化的配件,这些配件一般都有卡槽,通过连接线可以很容易地将它们连接在一起。不同公司生产的计算机配件的功能和性能可能是不同的,但是这些卡槽和连接线的接口一定是相同的。这样计算机的集成商通过选择性价比不同的计算机配件就可以快速地组装出一台性价比不同的计算机产品。

5.2　简要介绍库函数的作用,并举例介绍库函数的使用方法。

参考答案:C 语言的库函数并不是 C 语言本身的一部分,它是由编译程序根据一般用户的需要,编制并提供用户使用的一组程序。也就是说,C 语言库函数是别人实现的自定义函数,只不过这些常用的函数被放在了库中,供其他程序员使用。

C 的库函数极大地方便了用户,同时也补充了 C 语言本身的不足。在编写 C 语言程序时,使用库函数,既可以提高程序的运行效率,又可以提高编程的质量。

程序员使用库函数时,需要把声明库函数的头文件名用#include < >或#include " "加到程序的头部(尖括号或西文双引号内填写文件名)。例如,使用数学计算库函数时,需要包含 math.h,在程序头部需要书写#include <math.h>。

5.3　简要介绍形参与实参的概念,并说明它们之间数据的传递过程。

参考答案:形参全称为形式参数,它在函数定义中出现,可以被看作一个占位符。由于在函数定义的时候形参没有数据,只能等到函数被调用时才接收传递进来的数据,所以称为形式参数。

实参全称为实际参数,它是函数被调用时给出的参数,出现在函数调用过程中。实参包含了实实在在的数据,会被函数内部的代码使用,所以称为实际参数。

形参和实参的功能是传递数据,发生函数调用时,实参的值会传递给形参。即通过函数调用,主调函数可以将它所包含的实参变量的数据传递给被调函数的形参变量,并执行被调函数的函数体中的语句对形参变量的数据进行处理。

5.4　实现一个判别输入正整数是否为素数的函数。比如当函数的输入数据是"17"时,函数的输出为"1",表示该数为素数;如果输入"20",则输出为"0",表示该数为合数。

参考程序:

```
// 函数说明:对代入的一个整数,判断其是否为素数
// 形式参数:n,整型,待判断的整数值
// 返回值:整型,若 n 为素数,为 1,若 n 为合数,为 0,若 n 为不合法的输入,为-1
int isPrime(int n)
{
    int i;
```

```
    int p = 1;

    if (n<=1)
    {
        return -1;
    }
    for(i=2;i*i<=n;i++)
    {
        if(n%i==0)
        {
            p = 0;
            break;
        }
    }

    return p;
}
```

解析：

（1）函数命名为 isPrime，因为只要判断一个正整数，所以参数为一个。

（2）函数内的 p，可以看作一个 flag（标志），默认为 1，默认输入的整数为素数。

（3）return −1 处的判断，是判断输入的数据是否合法，要求输入的数不能小于 1。

（4）for 循环用于寻找 n 的因子，如果能找一个 n 的因子，那么 p 置 0，表示 n 是一个合数，n 的因子找到一个即可，所以利用一个 break 中断循环，这样可以节省循环的时间。

5.5 根据摄氏温度和华氏温度的转换关系

$$C=\frac{5}{9}\times(F-32)$$

其中 C 表示摄氏度，F 表示华氏温度，实现一个从华氏温度到摄氏温度换算的函数。

参考程序：

```
// 函数说明：将华氏温度换算为对应的摄氏温度
// 形式参数：f,float 类型,华氏温度值
// 返回值：float 类型,换算的摄氏温度值
float TempTrans(float f)
{
    float c;
    c = 5.0*(f-32)/9;
    return c;
}
```

解析：

本题非常简单，但该函数包括了函数定义的基本要素，并且能够完成一个比较有意义的换算。

5.6 利用主教材 5.4 节中求距离和三角形面积的函数，实现一个求任意凸四边形面积的函数，函数的参数为 4 个顶点的坐标值。

参考程序:

```
// 函数说明:代入三角形的 3 个顶点坐标,计算三角形的面积,使用主教材例 5.22 中的函数
// distance 和 triangleArea
// 形式参数:
// x1,y1,float 类型,第一个顶点的坐标
// x2,y2,float 类型,第二个顶点的坐标
// x3,y3,float 类型,第三个顶点的坐标
// x4,y4,float 类型,第四个顶点的坐标
// 返回值:float 类型,四边形面积
float convexQuadArea(float x1,float y1,float x2,float y2,float x3,float
y3,float x4,float y4)
{
    float a,b,c;
    float s1,s2,s;

    a = distance(x1,y1,x2,y2);
    b = distance(x1,y1,x3,y3);
    c = distance(x2,y2,x3,y3);
    s1 = triangleArea(a,b,c);
    a = distance(x1,y1,x4,y4);
    b = distance(x1,y1,x3,y3);
    c = distance(x4,y4,x3,y3);
    s2 = triangleArea(a,b,c);
    s = s1+s2;

    return s;
}
```

解析:

如图 5.1 所示,任何一个凸四边形都可以划分成两个三角形。所以求凸四边形的面积就可以转换为求两个三角形的面积之和。参考代码体现了像搭积木一样搭建程序的思想。在参考代码中,多次反复调用 distance 函数和 triangleArea 函数,体现了模块的复用性。

当然以上参考代码对 4 个顶点的输入要求比较严格,输入的时候按顺时针或逆时针的顺序输入,并且要保证输入的是一个凸四边形。

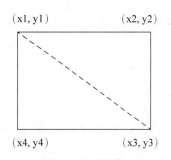

图 5.1 利用三角形计算凸四边形的面积

5.7 利用 5.6 题的方法,设计求任意凸多边形面积的函数,可以将多边形的顶点坐标利用数组进行存储,函数以数组作为参数。数组相关的知识参考主教材第 6 章。

参考程序:

```
// 函数说明:代入凸多边形顶点坐标和边数,计算凸多边形面积,使用主教材例 5.22 中
// 的函数 distance 和 triangleArea
```

```
// 形式参数:
// x[],float 类型数组,各个顶点的横坐标
// y[],float 类型数组,各个顶点的纵坐标
// n,整型,顶点数
// 返回值: float 类型,多边形面积
float convexArea(float x[],float y[], int n)
{
    float a,b,c;
    float s = 0.0;
    int i;
    for(i=1;i<n-1;i++)
    {
        a = distance(x[0],y[0],x[i],y[i]);
        b = distance(x[i],y[i],x[i+1],y[i+1]);
        c = distance(x[0],y[0],x[i+1],y[i+1]);
        s = s + triangleArea(a,b,c);
    }
    return s;
}
```

解析:

此题和习题5.6的思路基本一致。不过,凸多边形的边数可以是变化的,也就是说,在参数列表里不能采用习题5.6的方式输入。因此,在本题的参考代码里使用了主教材第6章数组的知识。x 数组存放所有顶点的横坐标,y 数组存放所有顶点的纵坐标。存放坐标的时候,一定要严格按照顺时针或逆时针的方式顺序存放。参数 n 表示凸多边形的边的条数,也是顶点的个数。

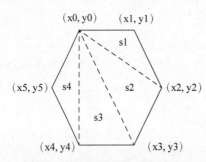

图 5.2 利用三角形计算凸多边形
的面积

本题的关键思路是如何把凸多边形切割为多个三角形。如图5.2所示,任意 n 个顶点的凸多边形都可以按图5.2所示切分为 n-2 个三角形。注意图5.2的切分方法,是固定一个顶点,如 (x0,y0) 顶点(该顶点的坐标值分别存放在 x[0] 和 y[0] 中),连接不同的顶点构造小三角形的。按照这个规律可以很容易地判断出每个小三角形的顶点组成规律,并表示3条边为

$$(x[0],y[0]) 到 (x[i],y[i])$$
$$(x[i],y[i]) 到 (x[i+1],y[i+1])$$
$$(x[0],y[0]) 到 (x[i+1],y[i+1])$$

这样便于利用循环语句分别求解,然后进行累加即可。

5.8 利用递归的思想实现逆序输出整数。例如,设计一个函数 reverse,函数的输入为一个正整数,比如 123456,通过 reverse 函数输出为 654321。

参考程序：

```
// 函数说明：代入整数，在函数中逆序输出各位数字
// 形式参数：i，整型，待转换的整数
// 返回值：void，无返回值
void reverse(int i)
{
    int j = 0;
    if(i<10) printf("%d",i);
    else
    {
        j = i%10;
        printf("%d",j);
        reverse(i/10);
    }
}
```

解析：

本题的核心思想是首先输出一个数的最低位，也就是该数除以 10 的余数。比如 123456，最低位为 6，可以通过 123456%10 得到，参考代码中的 j 就是为了得到该余数而设的。当得到并输出该余数以后，再考虑对 12345 即 123456/10 的结果进行处理。这其实就是递归的思想。

本例中，递归的出口是处理的数小于 10 的时候，这时直接输出个位数即可。

5.9　汉诺塔问题求解。印度神话中有一个关于汉诺塔的故事，汉诺塔内有 3 个柱子 A、B、C，开始的时候 A 柱上有 64 个圆盘，盘子大小不等，大的在下，小的在上。有一个婆罗门想把圆盘从 A 柱上挪到 C 柱上，但是一次只能移动一个，并且要保证大盘在下，小盘在上，移动中可以利用 B 柱子。试编程求解移动的步骤。这是一道必须使用递归方法才能解决的经典问题。即使是用计算机来模拟移动过程，也需要很长很长的时间。在编程的时候，可以只移动 7 个圆盘。

参考程序：

```
#include <stdio.h>
// 函数说明：对 n 个圆盘的汉诺塔问题，输出解决方案
// 形式参数：
// n，整型，圆盘个数
// A，字符型，圆盘所处的初始柱子
// B，字符型，圆盘搬移过程中的辅助柱子
// C，字符型，圆盘搬移后的目的柱子
// 返回值：void，无返回值
void HanoiMove(int n, char A, char B, char C)
{
    if(n==1)                              //递归退出条件
        printf("%c --> %c \n", A, C);
    else
    {
```

```
        HanoiMove(n-1,A,C,B);              //第一步,从A整体搬移 n-1 个圆盘到 B
        printf("%c --> %c \n", A, C);      //第二步,将最大的圆盘从 A 搬移到 C
        HanoiMove(n-1,B,A,C);              //第三步,从 B 整体搬移 n-1 个圆盘到 C
    }
}

// 调用该函数的主函数
int main(void)
{
    HanoiMove(7, 'A', 'B', 'C');
    return 0;
}
```

解析:

这是一个很古老的数学问题,而且只能用递归的方式来编程实现。

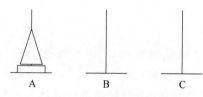

图 5.3　汉诺塔游戏的初始状态
　　　　示意图

虽然这个游戏规定一次只能挪动一个圆盘,但是我们在考虑问题的时候,可以考虑整体挪动圆盘。

图 5.3 代表初始状态。3 个圆柱分别用 A、B、C 来表示。A 柱上的矩形代表最底下的一块圆盘,三角形代表上面 n-1 块圆盘。

此时在 main 函数内调用 HanoiMove 函数。该函数第一个参数的意思是要挪动多少个圆盘,参数 A 代表圆盘所处的初始的柱子,参数 C 代表最终的柱子,而参数 B 代表中间需要辅助的柱子 B。

在 main 函数调用该函数

```
HanoiMove(7, 'A', 'B', 'C');
```

意思是将 7 个圆盘从 A 柱上利用中间的 B 柱,最终挪到 C 柱上。

那这个工作是如何具体实现的呢?

可以这样去想:假设我们有办法把 A 柱上面 n-1 个圆盘挪到 B 柱上,然后就可以把最后一个最大的圆盘从 A 挪动到 C 柱子上。只要最后一个圆盘挪动成功了,那在 B 柱子上剩下的 n-1 个圆盘中的最大的圆盘是不是可以利用通用的方法,借助 A 柱挪动到 C 柱上呢?这样问题规模就可以从 n 减到 n-1。按照这个思路,继续执行,要移动的圆盘数会继续减为 n-2,n-3,一直到 1,问题就解决了!

所以汉诺塔问题的解决思路如下:

第一步,将 n-1 个圆盘从 A 柱搬移到 B 柱,此时 A 柱只留一个最大的圆盘,B 柱所有圆盘从小到大叠放在一起(见图 5.4)。

第二步,将最大的圆盘从 A 柱搬移到 C 柱,此时最大的圆盘已经搬移到位了(见图 5.5),只剩下其他 n-1 个圆盘要从 B 柱搬移到 C 柱。

第三步,将剩下的 n-1 个圆盘从 B 柱搬移到 C 柱,就完成了最终的任务。

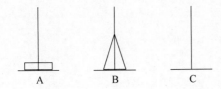

图 5.4 汉诺塔游戏第一步搬移结果示意
图,最后一个圆盘保持位置不变,其
他圆盘移至 B 柱

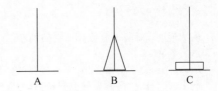

图 5.5 汉诺塔游戏第二步搬移结果示意
图,最后一个圆盘移至 C 柱,其他圆
盘移至 B 柱

由于大任务中包含着小任务的解决过程,因此可以利用递归方法实现程序。要注意,这里递归的结束条件是:除了最小的圆盘外,其他圆盘都搬移到 C 柱了,待搬移的圆盘只剩最后 1 个。因此在递归调用时,n=1 是结束条件。

5.10 利用函数实现复数的简单运算。复数的形式是 a+bi 的形式,其中 a 和 b 都为实数,a 称为复数的实部,b 称为复数的虚部。复数同样有加减乘除四则运算。现在考虑设计一个简单的复数运算的函数,比如复数的加法 ComplexAdd,假设将该函数定义为

```
double ComplexAdd(double a,double b,double c,double d)
```

其中,a 代表第一个复数的实部,b 代表第一个复数虚部的系数,c 代表第二个复数的实部,d 代表第二个复数虚部的系数。

试问该函数的定义能否返回两个复数相加的结果。如果这种定义方式不便于实现,请参考主教材第 6 章数组和第 7 章结构体的内容,设计一个可以满足需求的函数。

参考答案:不能返回两个复数相加的结果。如果还采用 a、b、c 和 d 分别表示两个复数的实部和虚部,可以采用间接访问的方式,利用指针实现加法计算。这时由于没有需要返回的值,所以函数类型可以定义为 void 类型。

```
// 函数说明:对两个复数计算它们的和
// 形式参数:
// a,double 类型,参与运算的第一个复数实部
// b,double 类型,参与运算的第一个复数虚部
// c,double 类型,参与运算的第二个复数实部
// d,double 类型,参与运算的第二个复数虚部
// r,double 指针类型,记录和的实部
// i,double 指针类型,记录和的虚部
// 返回值:void,无返回值
void ComplexAdd(double a,double b,double c,double d,double *r,double *i)
{
    *r = a + c;
    *i = b + d;
}
```

利用主教材第 7 章结构体的内容可以实现如下的函数。

```
typedef struct {              //结构体类型的定义,参见第7章
    double real;              //结构体成员类型和名称
```

```
    double imag;
} complex;
// 函数说明: 对两个复数计算它们的和
// 形式参数:
// a,complex 结构体类型,参与运算的复数
// b,complex 结构体类型,参与运算的复数
// 返回值: complex 结构体类型,复数加法的结果
complex ComplexAdd(complex a, complex b)
{
    complex c;
    c.real = a.real+b.real;              //结构体变量的成员对应相加
    c.imag = a.imag+b.imag;
    return c;
}
```

解析:

如果按照题干的思路,所给出的函数首部是不能实现返回一个复数的功能的。因为一个函数只能返回一个值,而复数包括实部和虚部两部分。如果需要同时返回实部和虚部,必然要返回两个值。因此仅通过返回值的方式无法实现。

从函数的定义来看,本参考程序不是很复杂。这里用到了结构体的相关知识。通过结构体定义了一个新的数据类型 complex。该类型包括两个成员,分别表示复数的实部和虚部。定义新的结构体类型以后,函数返回值可以直接返回一个 complex 类型的数据。

5.11 设计一个函数计算两个日子相隔多少天。函数的参数可以为 6 个,分别代表起始的年、月、日和截止的年、月、日。注意,在计算过程中,可能需要多次计算某一个年份是否为闰年,所以可以首先设计一个判断某年为闰年的函数。

参考程序:

```
#include <stdio.h>
// 函数说明: 代入一个整数,判断该年份是否为闰年
// 形式参数: year,整型,年份
// 返回值: 整型,1 表示闰年,0 表示平年
int isLeap(int year)
{
    int i = 0;
    if((((year%4 == 0)&&(year%100 != 0))||(year%400) == 0)
    {
        i = 1;
    }
    return i;
}


// 函数说明: 给定一个日期(年、月、日),计算当年已经过去的天数
// 形式参数: year,month,day,整型,年,月,日
// 返回值: 整型,一年中已经经过的天数
int daysPastofYear(int year,int month,int day)
{
```

```c
    int sum = 0;
    switch(month)
    {
        case 1:sum = day;break;
        case 2:sum = 31 + day;break;
        case 3:sum = 59 + day;break;
        case 4:sum = 90 + day;break;
        case 5:sum = 120 + day;break;
        case 6:sum = 151 + day;break;
        case 7:sum = 181 + day;break;
        case 8:sum = 212 + day;break;
        case 9:sum = 243 + day;break;
        case 10:sum = 273 + day;break;
        case 11:sum = 304 + day;break;
        case 12:sum = 334 + day;break;
        default :
            printf("输入的月份有错误\n");
            break;
    }
    if(month>2)
    {
        if(isLeap(year)){
            sum = sum+1;
        }
    }
    return sum;
}

// 函数说明：代入两个年份，计算它们相差的天数
// 形式参数：year1,year2,整型,两个参与比较的年份
// 返回值：整型,两个年份相差的天数
int daysBetweenYears(int year1,int year2)
{
    int sum_year_day = 0;
    int i = 0;
    sum_year_day = (year2-year1)*365;
    for(i=year1;i<year2;i++)
    {
        if(isLeap(i)){
            sum_year_day = sum_year_day+1;
        }
    }
    return sum_year_day;
}

// 函数说明：代入两个日期(年、月、日)，计算它们之间相差的天数
// 形式参数：
// year1,month1,day1,整型,第一个日期(年、月、日)
// year2,month2,day2,整型,第二个日期(年、月、日)
```

```
// 返回值：整型,两个日期相差的天数
int daysBetweenDays(int year1,int month1,int day1, int year2,int month2,
int day2)
{
    return daysBetweenYears(year1,year2) -
    daysPastofYear(year1,month1,day1) + daysPastofYear(year2,month2,day2);
}

int main(void)
{
    int year1 = 1921,month1 = 7,day1 = 1;
    int year2 = 2021,month2 = 7,day2 = 1;
    int sum = 0;

    sum = daysBetweenDays(year1,month1,day1,year2,month2,day2);
    printf("它们之间相差的天数为：%d\n",sum);
    return 0;
}
```

解析：

本题看似复杂,但是思路并不难。我们判断两个日期相隔的时间,其实就是要把中间过了多少年算清楚。某一年不是 365 天(平年),就是 366 天(闰年),所以先定义一个判断闰年的函数。

从第一个日期所处的年份开始,一直数到第二个日期所处年份的前一年,这期间度过的是整年份的时长。这个结果减去第一个日期所处的年份已经过去的时间,然后再加上第二个日期所处的年份已经过去的时间,就是要求的结果。

要判断某一天在本年度是第几天,把本年度前面的日子加起来就行了。因此这里给出了多个函数的设计实现。每个函数对应一个功能。这个实现的思路用流程图表示如图 5.6 所示,其中函数用阴影方框显示。

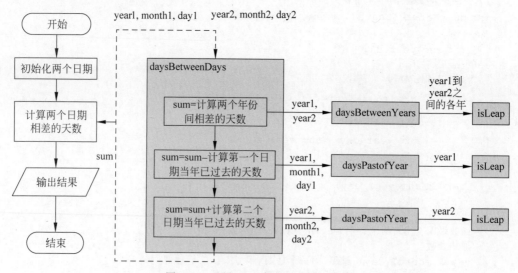

图 5.6 习题 5.11 参考程序的流程图

以上代码给出的例子运行结果见图 5.7。从 1921 年 7 月 1 日到 2021 年 7 月 1 日,总共经过了 36525 天。

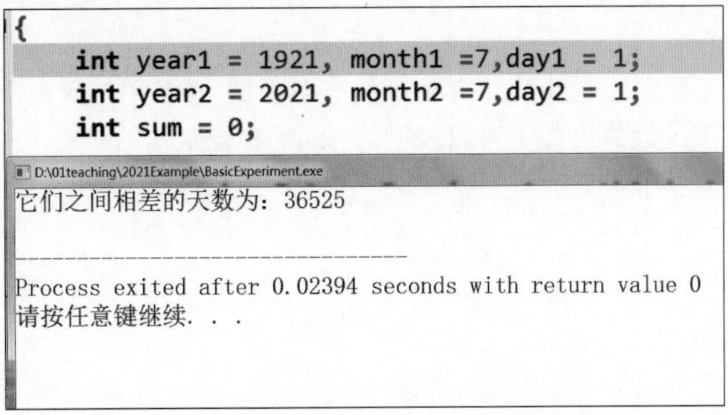

图 5.7 习题 5.11 参考程序的执行结果

5.2 补充习题

1. 下面关于指针基类型的叙述正确的是( )。
   (A) 基类型不同的指针,其地址值不能相同
   (B) 指针的基类型决定通过该指针访问的每个内存单元包含多少个字节
   (C) 基类型相同的指针,可以进行加、减、乘、除运算
   (D) 基类型为 void 的指针,可以存取任何类型的数据

2. 若函数调用时的实参为变量,则以下关于函数形参和实参的叙述中正确的是( )。
   (A) 函数的形参和实参分别占用不同的存储单元
   (B) 形参只是形式上的存在,不占用具体存储单元
   (C) 同名的实参和形参占同一存储单元
   (D) 函数的实参和其对应的形参共占同一存储单元

3. 以下正确的函数声明是( )。
   (A) double fun(int x,int y)
   (B) double fun(int x;int y)
   (C) double fun(int x,int y);
   (D) double fun(int x,y);

4. 以下关于 return 语句的叙述中正确的是( )。
   (A) 一个自定义函数中必须有一条 return 语句
   (B) 一个自定义函数中可以根据不同情况设置多条 return 语句
   (C) 定义成 void 类型的函数中可以有带返回值的 return 语句
   (D) 没有 return 语句的自定义函数在执行结束时不能返回到调用处

5. 以下选项中叙述错误的是( )。

(A) C 程序函数中定义的自动变量,系统不自动赋确定的初值

(B) 在 C 程序的同一函数中,各复合语句内可以定义变量,其作用域仅限本复合语句内

(C) C 程序函数中定义的赋有初值的静态变量,每调用一次函数,赋一次初值

(D) C 程序函数的形参不可以说明为 static 型变量

6. 下列程序的输出结果为( )。

```
#include <stdio.h>
int max(int x,int y) { return x>y?x:y; }
int main(void)
{
    int a = 3;
    int b = 4;
    int c;
    c = max(a,b);
    printf("%d,%d,%d",a,b,c);
    return 0;
}
```

(A) 3,4,3   (B) 3,4,4   (C) 3,4,0   (D) 3,4,1

7. 下列程序的输出结果为( )。

```
#include <stdio.h>
int change(int x,int y) { x = 1; y = 2; return x+y; }
int main(void)
{
    int x = 3;
    int y = 4;
    int z;
    z = change(x,y);
    printf("%d,%d,%d",x,y,z);
    return 0;
}
```

(A) 1,2,3   (B) 3,4,3   (C) 3,4,7   (D) 1,2,7

8. 有以下代码,则代码填充处可以正确执行的语句为( )。

```
#include <stdio.h>
int main(void)
{
/************代码填充处********/

/************end************/
}
int Max(int x,int y)
{
```

```
    int max;
    if(x>y) max = x;
    else max = y;
    return max;
}
```

(A) int z = Max(0,1);

(B) int Max(int x,int y); int z = max(0,1);

(C) int max(int x,int y); int z = max(x,y);

(D) int Max(int x,int y); int z = Max(0,2)+7;

9. 有以下程序：

```
#include <stdio.h>
int func(int a,int b)
{
    int c;
    c = a+b;
    return c;
}
int main(void)
{
    int x = 6,y = 7,z = 8,r;
    r = func((x--,y++,x+y),y);
    printf("%d\n",r);
    return 0;
}
```

则程序的输出结果是(   )。

(A) 11   (B) 10   (C) 21   (D) 31

10. 有以下程序：

```
#include <stdio.h>
int fun(int a, int b)
{
    if(b == 0) return a;
    else return(fun(--a, --b));
}
main(void)
{
    printf("%d\n", fun(4, 2));
}
```

程序运行后的输出结果是(   )。

(A) 1   (B) 2   (C) 3   (D) 4

11. 已定义以下函数：

```
int fun( int *p)
{   return  *p;}
```

fun 函数的返回值是(　　　)。

（A）一个整数　　　　　　　　　　　　（B）不确定的值

（C）形参 p 中存放的值　　　　　　　　（D）形参 p 的地址值

12. 程序源代码如下所示,它的输出结果为(　　　)。

```c
#include <stdio.h>
void hello_world(void)
{
    printf("Hello, world!\n");
}
void three_hellos(void)
{
    int counter;
    for (counter = 1; counter <= 3; counter++)
    hello_world();                          // 调用 hello_world 函数
}
void main(void)
{
    three_hellos();                         // 调用 three_hellos 函数
}
```

13. 如下源代码的执行结果是(　　　)。

```c
#include <stdio.h>
int main(void)
{
    int i,num;
    num = 2;
    for(i=0;i<3;i++) {
        printf(" The num equal %d\n",num);
        num++;
        {
            static int num = 1;
            printf(" The internal block num equal %d\n",num);
            num++;
        }
    }
    return 0;
}
```

14. 编写一个函数,输入 n 为偶数时,计算 $1/2+1/4+\cdots+1/n$;当输入 n 为奇数时,计算 $1/1+1/3+\cdots+1/n$。

15. 斐波那契数列问题:有一对兔子,从出生后第三个月起每个月都生一对兔子,小兔子长到第三个月后每个月又生一对兔子,假如兔子都不死,问每个月的兔子总数为多少? 利用递归方法编程计算结果。

第6章

同类型数据的批处理问题

6.1 习题解析

6.1 简述数组的定义。

参考答案：数组是由一系列类型相同的元素构成的有序序列,且该序列必须存储在一块地址连续的存储单元中,并用一个统一的数组名标识。

6.2 简述数组的内存结构。

参考答案：从逻辑结构上说,数组是线性表中的顺序存储结构;从物理结构上说,数组是在物理内存里分配出一块连续的空间,按顺序存储。

6.3 简述数组的优势与劣势。

参考答案：数组的优点：随机访问性强,查找速度快,时间复杂度为 O(1)。

数组的缺点：对数组头插入和删除效率低,时间复杂度为 O(N);内存空间要求高,必须有足够的连续内存空间;数组空间的大小固定,不能动态拓展。

6.4 简述数组名的作用。

参考答案：数组名首先是一个标识符,是这个数组的名字,同时又是一个指针,指向的是这个数组的首地址。不过这个指针和日常见到的指针又有点区别。这里的数组名是指针常量,不能被修改。

6.5 编写一个函数,返回数组 int a[5]={1,2,31,4,5}中存储的最大值,并在一个简单的程序中测试这个函数。

参考程序：

```c
#include <stdio.h>
// 函数说明: 代入一个数组 a 和数据个数 n,查找保存在这个数组中的 n 个数据的最大值
// 形式参数: 整型数组 a[],整型数 n
// 返回值: 整型,最大值
int maxarray(int a[],int n)
{
    int max = a[0];
    int i;

    for(i=1;i<n;i++)       // 遍历数组元素
    {
        if(max<a[i])       // 最大值不会小于数组中的任何元素,因此此时需要更新最大值
            max = a[i];
    }
    return max;
}

int main (void)
{
    int  a[5]={1,2,31,4,5};
    printf("max = %d\n",maxarray(a,5));
    return 0;
}
```

解析：

对一组数据查找最大值、最小值是数组的常见操作。

由于数组元素可以利用下标来访问，下标从 0 到 n-1 依次变化就能遍历所有的数组元素，因此找最值时可以使用循环对所有元素进行比较。在利用函数实现数组的操作时，由于数组传递的是首地址，因此通常还要传递数组长度。最终实现的函数包含数组名和数据个数两个参数。

可以利用一个辅助变量来记录最大（小）值的大小，在比较时，利用最大值不小于任何值（最小值不大于任何值）的性质来不断更新最大（小）值的数值。

需要注意的是，辅助变量 max 的初始值需要设置为某一个数组元素，而不能设置为 0 或 1 这样的常数。

6.6 编写一个函数，返回数组 int a[5]={1,2,3,4,5}中所有数的平均值，并在一个简单的程序中测试这个函数。

参考程序：

```c
#include <stdio.h>
// 函数说明：代入一个数组 a 和数据个数 n,计算保存在这个数组中的 n 个数据的平均值
// 形式参数：整型数组 a[],整型数 n
// 返回值：float 型,平均值
float avearray(int a[],int n)
{
    float sum = 0.0;
    int i;

    for(i=0;i<n;i++)
    {
        sum += a[i];
    }

    return sum/n;
}

int main(void)
{
    int  a[5] = {1,2,3,4,5};
    printf("ave = %.2f\n",avearray(a,5));
    return 0;
}
```

解析：

对一组数据计算平均数是对数组常见的操作。

由于数组元素可以利用下标来访问，下标从 0 到 n-1 依次变化就能遍历所有的数组元素，因此计算平均数可以使用循环来对所有元素进行操作。在利用函数实现数组的操作时，由于数组传递的是首地址，因此通常还要传递数组的长度。最终实现的函数包括数组名和数据个数两个参数。

6.7　编写一个函数,返回一维数组 double a[5] = {1.0,8.5,2.8,6.9,7.9}中的最大值与最小值之间的差值,并在一个简单的程序中测试这个函数。

参考程序:

```
#include <stdio.h>
// 函数说明:代入一个数组 a 和数据个数 n,计算保存在这个数组中的 n 个数据的最大值、最小
// 值之间的差值
// 形式参数:double 型数组 a[],整型数 n
// 返回值:double 型,最值差值
double fun (double a[],int n)
{
    double max, min;
    int i;

    max = min = a[0];
    for(i=1;i<n;i++)
    {
        if(a[i]<min)
            min = a[i];
        if(a[i]>max)
            max = a[i];
    }

    return max-min;
}

int main (void)
{
    double a[5] = {1.0,8.5,2.8,6.9,7.9};
    printf("result = %.2lf\n",fun(a,5));
    return 0;
}
```

解析:

本例的功能可以分解为找最大值、找最小值和计算最大值与最小值的差值。

和习题 6.5 相同,实现的函数包括了数组名和数据个数。实现的例程中,利用一个循环,同时查找最小值 min 和最大值 max。当然也可以分开来查找最小值和最大值,最后进行差值计算。

6.8　编写一个函数,返回二维数组 double a[3][3] = {1.0,8.5,2.8,6.9,7.9,9.2,3.4,8.4,7.5}中的最大值与最小值之间的差值,并在一个简单的程序中测试这个函数。

参考程序:

```
#include <stdio.h>
// 函数说明:代入一个二维数组 a[3][3],计算这个数组中所有数据的最大值、最小值之间的差值
// 形式参数:double 型数组 a[3][3]
// 返回值:double 型,最值差值
```

```c
double fun (double a[3][3])
{
    double max, min;
    int i,j;

    max = min = a[0][0];
    for(i=0;i<3;i++)
        for(j=0;j<3;j++)
        {
            if(a[i][j]<min)
                min = a[i][j];
            if(a[i][j]>max)
                max = a[i][j];
        }

    return max-min;
}

int main (void)
{
    double a[3][3]={1.0,8.5,2.8,6.9,7.9,9.2,3.4,8.4,7.5};
    printf("result = %.2f\n",fun(a));
    return 0;
}
```

解析:

本例的功能和习题6.7相同,但数据按照二维数组存储,此时查找的方式有所变化。

根据二维数组的行、列数,例程中采用了双重循环来实现数组元素的遍历。和习题6.7的实现方法一样,本例程在同一个循环中实现了最大值、最小值的查找。

6.9 编写一个函数,求一个3×3的整型矩阵int a[3][3] = {1,8,2,6,7,9,3,8,7}的对角元素之和。

参考程序:

```c
#include <stdio.h>
// 函数说明:代入一个二维数组 a[3][3],计算这个数组中所有数据的对角元素的和
// 形式参数:整型数组 a[3][3]
// 返回值:整型,对角元素的和
int fun (int a[3][3])
{
    int result = 0;
    int i,j;

    for(i=0;i<3;i++)
        for(j=0;j<3;j++)
        {
            if(i==j || i+j==2)
                result+=a[i][j];
```

```
    }

    return result;
}

int main(void)
{
    int a[3][3] = {1,8,2,6,7,9,3,8,7};
    printf("result = %d\n",fun(a));
    return 0;
}
```

解析：

本例要处理的数据按照二维数组存储，根据二维数组的行、列数，需要采用双重循环，来实现数组元素的遍历。

需要注意的是，问题需要计算对角元素的和。这里，对角元素不仅包括对角线上的元素，还包括反对角线上的元素。因此在累加时需要采用两个条件逻辑或的方法来选择对角元素。如图 6.1 所示，对角线上的元素，其下标 i 和 j 满足 i==j 的条件；反对角线上的元素，其下标 i 和 j 满足 i+j==2 的条件。

图 6.1 二维数组的对角元素示意图

6.10 用选择法对数组中的 10 个整数进行排序。

参考程序：

```
#include <stdio.h>
// 函数说明：代入一个数组 a[]和数据个数 n，对保存在这个数组中的 n 个数据排序
// 形式参数：整型数组 a[]，数据个数 n
// 返回值：void，无返回值
void sort(int a[],int n)
{
    int i,j,t;

    for(i=0;i<n;i++)            //外层循环，每轮实现一次选择
    {
        for(j=i+1;j<n;j++)   //内层循环，逐个比较，最终选择出最小值
        {
            if(a[i]>a[j])
            {
                t = a[i];
                a[i] = a[j];
                a[j] = t;
            }
        }
    }
}
```

```
// 函数说明：代入一个数组 arry2[]和数据个数 n,按整数格式输出保存在这个数组中的 n 个数据
// 形式参数：整型数组 arry2[],数据个数 n
// 返回值：void,无返回值
void  output(int arry2[],int n)
{
    int i;
    for(i=0;i<n;i++)
    {
        printf("%d\t",arry2[i]);
    }
}

// 函数说明：代入一个数组 arry2[]和数据个数 n,向这个数组按整数格式输入 n 个数据
// 形式参数：整型数组 arry2[],数据个数 n
// 返回值：void,无返回值
void  input(int arry2[],int n)
{
    int i;
    printf("请输入%d 个整数：\n",n);
    for(i=0;i<n;i++)
    {
        scanf("%d",&arry2[i]);
    }
}

int main(void)
{
    int i;
    int arry[50];

    input(arry, 10);
    sort(arry, 10);
    output(arry, 10);

    return 0;
}
```

解析：

本例实现了对数组元素的输入、排序和输出操作。所有功能都用函数实现,这样 main 函数中只要调用输入函数 input、排序函数 sort 和输出函数 output 即可,处理过程非常清晰。

对一批数据进行排序是常见的处理功能。由于数组中的数据是连续存储的,访问高效。因此利用数组存储数据,然后对这些数据进行排序是计算机实现排序采用最多的方式,也得到了充分的研究。

排序问题的解决基本都遵循"分而治之"的思路：

对数组中的所有元素进行一次遍历后,从无序的元素中排查出顺序排放的子数组,

并将其放置到最后的目标位置上。这样处理后,无序数据就变少了。再次针对剩余的无序数据重复这样的遍历操作,进一步减少待排序数据的个数,直到所有数据均有序排放,操作结束。

有很多方法可以实现排查顺序排放的子数组的功能,选择法就是其中一种。选择法的核心思想是:原来有 n 个待排序的数据,遍历时固定使用第一个位置的元素和其他所有元素比较,找出所有元素中最大(小)的值,并用该值更新第一个位置。这样处理后,需要排序的数据只剩下 n-1 个。继续对 n-1 个无序数据重复上述的遍历操作,再次逐渐减少待排序数据的个数,直到只剩最后一个数据结束。

图 6.2 给出了选择法排序过程的示意图。结合参考代码,利用选择法进行升序排序的过程具体如下:

(1)从键盘输入 10 个数据,例如输入 10,9,8,7,6,5,4,3,2,1,如图 6.2(a)所示。

(2)第一轮外层循环,i=0,j 从 1 开始递增到 9。

首先判断 a[0]>a[1],由于 a[0]是 10,a[1]是 9,所以 a[0]>a[1],这时交换两个数据,结果如图 6.2(b)所示。

j 加 1 后为 2,此时再判断 a[0]>a[2],由于 a[0]是 9,a[2]是 8,所以 a[0]>a[2],这时交换两个数据,结果如图 6.2(c)所示;

依次处理,当 j 等于 9 时,判断 a[0]和 a[9]的关系,由于 a[0]是 2,a[9]是 1,交换两个数据,最终在第一轮外层循环结束时的结果如图 6.2(d)所示。

(3)第二轮外层循环,i=1,j 从 2 开始递增到 9。

首先判断 a[1]>a[2],由于 a[1]是 10,a[2]是 9,所以 a[1]>a[2],这时交换两个数据,结果如图 6.2(e)所示;

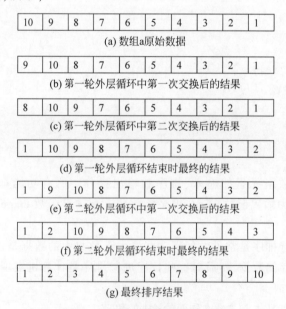

(a) 数组a原始数据

(b) 第一轮外层循环中第一次交换后的结果

(c) 第一轮外层循环中第二次交换后的结果

(d) 第一轮外层循环结束时最终的结果

(e) 第二轮外层循环中第一次交换后的结果

(f) 第二轮外层循环结束时最终的结果

(g) 最终排序结果

图 6.2 选择法排序过程示意图

依次处理,最终在第二轮外层循环结束时的结果如图 6.2(f)所示。

(4) 最后一轮外层循环,i=9,j 从 10 开始到 9 结束,无法循环。选择排序结束。最终结果如图 6.2(g)所示。

排序可以分为降序排列和升序排列。两种结果本质上是相同的。这里给出的参考代码是升序排列。将 sort 函数中的 if(a[i]>a[j])修改为 if(a[i]<a[j])就可以实现降序排列。

6.11 有一篇文章,共 80 个字符,统计出其中英文大写字母的个数。

参考程序:

```c
#include <stdio.h>
int main(void)
{
    int count = 0;
    char str[80] = {"ABCDabc"};
    int i = 0;

    while(str[i]!='\0')                       // 对字符串中的字符进行遍历
    {
        if(str[i]>='A'&&str[i]<='Z')          // 判断字符属性,是否为大写字母
            count++;
        i++;
    }
    printf("count = %d\n",count);

    return 0;
}
```

解析:

C 语言中没有字符串类型,因此对字符串操作需要使用数组。为便于操作字符串,C 语言中规定在字符串的末尾需要以'\0'作为结束标志。在字符串的操作中,可以不规定字符串长度,只要查找结束标志'\0',就可以实现元素遍历。

参考代码中利用 while(str[i]!='\0'){i++;}实现了对 str 存储字符的遍历。对大写字母的判断使用了 str[i]>='A'&&str[i]<='Z'逻辑表达式。

6.12 编写一个程序,使用 strcat 函数将两个字符串连接起来。

参考程序:

```c
#include <stdio.h>
#include <string.h>                    // 使用字符串函数,需要包含 string.h
int main(void)
{
    char s1[80] = "Hello";
    char s2[80] = " World";
    strcat(s1,s2);                     // 字符串拼接函数
    puts(s1);                          // 字符串输出函数
    return 0;
}
```

解析:

在大量的文字、文件处理中,需要使用字符串拼接、字符串比较等功能。这些功能都已在库函数中实现。在程序中使用这些函数时,需要包含头文件 string.h。

6.13 编写一个程序,将字符数组 s1 中的全部小写字母转换成大写字母。

参考程序:

```
#include <stdio.h>
#include <string.h>
int main(void)
{
    char s1[80] = "HelloWorld!";
    int i = 0;

    while(s1[i]!='\0')
    {
        if(s1[i]>='a'&&s1[i]<='z')
        {
            s1[i]-=32;
        }
        i++;
    }
    puts(s1);

    return 0;
}
```

解析:

与习题 6.12 相同,利用对结束标志的判断来遍历字符串。在遍历中,通过将字符减去 32 实现了小写字母到大写字母的转换。

6.14 编写一个程序,将字符数组 s2 中的全部字符复制到字符数组 s1 中,不要使用 strcpy 函数。

参考程序:

```
#include <stdio.h>
#include <string.h>
int main(void)
{
    int i, j, k;
    char s1[20] = {"How do you do?"};
    char s2[] = {"What"};

    puts(s1);
    k=strlen(s2);                        // 获取字符串长度函数
    for (i=0; i<20 && i<k; i++)
        s1[i]=s2[i];
    s1[i] = '\0';
```

```
    puts(s1);

    return 0;
}
```

解析：

本例要求将 s2 中的字符串复制到 s1 中，s1 中原先的字符不保留。因此需要从 s1 存储的第一个字符开始复制。

在对数组元素逐个复制时，需要同时考虑 s1 长度的限制和 s2 长度的限制，因此可以首先利用 strlen 函数计算 s2 包含的字符个数 k，然后利用 i<20&&i<k 来保证数组不发生越界情况。

需要注意的是，在复制完所有元素后，还要在 s1 的末尾处写入一个结束标志。这是由于参考代码中，并没有将 s1 中原来的字符全部删除掉。如果不写入一个结束标志，那么在利用 puts 函数输出字符串时，会将 s1 中未被更新的字符输出出来。可以自行实验一下。

6.15　编写一个程序，将字符数组 s2 中的全部字符拼接到字符数组 s1 后，不要使用 strcat 函数。

参考程序：

```
#include <stdio.h>
int main(void)
{
    char s1[80],s2[40];
    int i = 0,j = 0;

    printf("input string1:");
    scanf("%s",s1);
    printf("input string2:");
    scanf("%s",s2);
    while (s1[i]!='\0')
        i++;
    while(s2[j]!='\0')
        s1[i++]=s2[j++];
    s1[i]='\0';
    printf("\nThe new string is:%s\n",s1);

    return 0;
}
```

解析：

本例要求和习题 6.14 不同，需要将 s2 中的字符串拼接到 s1 中。由于要保留 s1 中原先的字符，因此需要从 s1 存储的最末一个字符开始复制。

为了确定复制过程中 s2 中的元素和 s1 对应元素的位置，参考代码首先通过 "while（s1[i]!='\0'）i++;"找到 s1 结束标志的位置，然后从这里开始进行复制。这里的复制循环采用了和习题 6.14 参考代码不一样的方式,直接使用另一个变量 j 作为 s2 的访问下标,并用"while (s2[j]!='\0')"来遍历 s2 中所有元素。

和习题 6.14 一样,在复制完所有元素后,还要在 s1 的末尾处写入一个结束标志。

6.2 补充习题

1. 若要求定义具有 10 个 int 型元素的一维数组 a,则以下定义语句中错误的是(　　)。

(A) int a[5+5];　　　　　　　　(B) int n=10,a[n];

(C) #define n 5　　　　　　　　(D) #define N 10

　　　int a[2*n];　　　　　　　　　　int a[N];

2. 下列程序执行后,输出结果为(　　)。

```c
#include <stdio.h>
int change(int a[]) { a[0] = 1; a[1] = 2; return a[0]+a[1]; }
int main(void)
{
    int a[] = {3,4};
    int z;
    z = change(a);
    printf("%d,%d,%d",a[0],a[1],z);
    return 0;
}
```

(A) 1,2,3　　　　(B) 3,4,3　　　　(C) 3,4,7　　　　(D) 1,2,7

3. 有以下程序:

```c
#include <stdio.h>
void fun(int *s, int n1, int n2)
{
    int i,j,t;
    i = n1; j = n2;
    while(i<j)
    {
        t = s[i]; s[i] = s[j]; s[j] = t;
        i++; j--;
    }
}
int main(void)
{
    int a[10] = {1,2,3,4,5,6,7,8,9,0},k;
    fun(a,0,3);
    fun(a,4,9);
    fun(a,0,9);
    for(k=0; k<10;k++)
```

```
        printf("%d", a[k]);
    printf("\n");
    return 0;
}
```

程序运行后的输出结果是(　　)。

    (A) 4321098765   (B) 5678901234

    (C) 0987654321   (D) 0987651234

4. 有以下定义和语句：

```
#include <stdio.h>
char s1[10] = "abcd! ", *s2 = "\n123\\";
printf("%d%d\n", strlen(s1), strlen(s2));
```

则输出结果是(　　)。

    (A) 10 7   (B) 10 5   (C) 5 5   (D) 5 8

5. 设有定义：

```
double a[10], *s = a;
```

以下能够代表数组元素 a[3] 的是(　　)。

    (A) (*s)[3]   (B) *(s+3)   (C) *s[3]   (D) *s+3

6. 以下选项中正确的语句组是(　　)。

    (A) char *s; s = {"BOOK!"};   (B) char *s; s = "BOOK!";

    (C) char s[10]; s = "BOOK!";   (D) char s[]; s = "BOOK!";

7. 有以下程序：

```
#include <stdio.h>
int main(void)
{
    int i,t[][3] = {9,8,7,6,5,4,3,2,1};
    for(i=0;i<3;i++)
        printf("%d", t[2-i][i]);
    return 0;
}
```

程序执行后的输出结果是(　　)。

    (A) 3 5 7   (B) 7 5 3   (C) 3 6 9   (D) 7 5 1

8. 有以下程序：

```
#include <stdio.h>
int main(void)
{
    int a[4][4] = {{1,4,3,2},{8,6,5,7},{3,7,2,5},{4,8,6,1}},i,k,t;
    for(i=0;i<3;i++)
        for(k=i+1;k<4;k++)
            if(a[i][i]<a[k][k])
```

```
        {
            t = a[i][i];a[i][i] = a[k][k];a[k][k] =t;
        }
    for(i=0;i<4;i++)
        printf("%d,",a[0][i]);
    return 0;
}
```

程序运行后的输出结果是(　　)。

　(A) 1,1,2,6　　　(B) 6,2,1,1,　　　(C) 6,4,3,2,　　　(D) 2,3,4,6

9. 有以下程序：

```
#include <stdio.h>
void fun1(char *p)
{
    char *q;
    q = p;
    while(*q!='\0')
    {
        (*q)++;
        q++;
    }
}
int main(void)
{
    char a[] = {"Program"}, *p;
    p = &a[3];
    fun1(p);
    printf("%s\n", a) ;
    return 0;
}
```

程序执行后的输出结果是(　　)。

　(A) Prphsbn　　　(B) Prohsbn　　　(C) Progsbn　　　(D) Program

10. 有以下函数：

```
int aaa(char * s)
{
    char *t = s;
    while( *t++);
    t--;
    return(t-s);
}
```

以下关于 aaa 函数功能叙述正确的是(　　)。

　(A) 将串 s 复制到串 t　　　　　　　　(B) 比较两个串的大小
　(C) 求字符串 s 的长度　　　　　　　　(D) 求字符串 s 所占字节数

11. 有如下程序：

```c
#include <stdio.h>
#include <string.h>
int main(void)
{
    int i; char str[10],temp[10];
    gets(temp);
    for(i=0;i<4;i++)
    {
        gets(str);
        if(strcmp(temp,str)<0)
            strcpy(temp,str);
    }
    printf("%s\n",temp);
    return 0;
}
```

上述程序运行后，如果从键盘上输入

C++

Java

Python

Ada

则程序的输出结果为(   )。

12. 如下程序中，函数 fun 的功能是：逐个比较 p、q 所指两个字符串对应位置上的字符，并把 ASCII 码值大或相等的字符依次存放到 c 所指定的数组中，形成一个新的字符串。

例如，若主函数中 a 字符串为"aBCDeFgH"，b 字符串为"ABcd"，则 c 中的字符串应为"aBcdeFgH"。

请改正程序中的错误，使它能得出正确的结果。

```c
#include <stdio.h>
#include <string.h>
void fun(char * p,char *q, char * c)
{
/* * * * * * * * * * found * * * * * * * * * * /
    int k = 1;
/* * * * * * * * * * found * * * * * * * * * * /
    while( *p != *q )
    {
        if(*p<*q) c[k] = *q;
        else c[k] = *p;
        if(*p) p++;
        if(*q) q++;
        k++;
    }
```

```
}
int main(void)
{
    char a[10] = "aBCDeFgH", b[10] = "Abcd", c[80] = {'\0'};
    fun(a, b, c);
    printf("The string a:");puts(a) ;
    printf("The string b:");puts(b) ;
    printf("The result:");puts(c) ;
    return 0;
}
```

13. 如下程序中,函数 fun 的功能是：从整数 10~55 中查找能被 3 整除且有一位上的数值是 5 的数,把这些数放在 b 所指定的数组中,这些数的个数作为函数值返回。规定函数中 a1 放个位数,a2 放十位数。

请改正程序中的错误,使它能得出正确的结果。

```
#include <stdio.h>
int fun(int *b)
{
    int k,a1,a2,i = 0;
    for(k=10;k<=55;k++)
    {
/* * * * * * * * * * found * * * * * * * * * * */
        a2 = k%10;
        a1 = k-a2*10;
        if((k%3==0&&a2==5)||(k%3==0&&a1==5))
        {
            b[i] = k;i++;
        }
    }
/* * * * * * * * * * found * * * * * * * * * * */
    return k;
}
int main(void)
{
    int a[100],k,m;
    m = fun(a) ;
    printf("The result is: \n");
    for(k=0; k<m; k++)
        printf("%4d",a[k]);
    printf(" \n");
    return 0;
}
```

14. 下面函数 invert 的功能是将一个字符串 str 中的字符顺序颠倒过来。请填空。

```
#include <stdio.h>
#include <string.h>
void invert(char str[])
```

```
{
    int i,j,k;
    for(i=0,j=strlen(str)-1;i<j;_____,j--)
    {
        k = str[i];_____;str[j] = k;
    }
}
int main(void)
{
    char str[] = {"abcabcabc"};
    invert(str);
    printf("%s",str);
    return 0;
}
```

15. 如下程序的输出结果是( )。

```
#include <stdio.h>
#include <math.h>
#define N 101
int main(void)
{
    int i,j,line,a[N];
    for(i=2;i<N;i++) a[i] = i;
    for(i=2;i<sqrt(N);i++)
        for(j=i+1;j<N;j++)
        {
            if(a[i]!=0&&a[j]!=0)
                if(a[j]%a[i]==0)
                    a[j] = 0;
        }
    printf("\n");
    for(i=2,line=0;i<N;i++)
    {
        if(a[i]!=0)
        {
            printf("%5d",a[i]);
            line++;
        }
        if(line==10)
        {
            printf("\n");
            line = 0;
        }
    }
    return 0;
}
```

16. 编写程序,有 n 个整数,使其前面各数顺序向后移 m 个位置,最后 m 个数变成最前面的 m 个数。

17. 编写程序,求一个 3×3 矩阵对角线元素之和。

18. 从键盘输入一个字符串,将小写字母全部转换成大写字母,然后输出到一个磁盘文件 test 中保存。输入的字符串以"!"结束。

19. 编写一个函数,求一个字符串的长度,在 main 函数中输入字符串,并输出其长度。

20. 假设输入的字符串中只包含字母和"∗"号。请编写函数 fun,实现如下功能:将字符串尾部的"∗"号全部删除,前面和中间的"∗"号不动。

例如,字符串中的内容为" ∗∗∗∗ A ∗ BC ∗ DEF ∗ G ∗∗∗∗∗∗∗ ",删除后,字符串中的内容应当是" ∗∗∗∗ A ∗ BC ∗ DEF ∗ G"。

如果实现的时候不能使用 C 语言提供的字符串库函数,该如何实现呢?

第 **7** 章

人类思维视角下的数据类型

7.1　习题解析

7.1　简述用户自己建立数据类型的原因。

参考答案：在 C 语言中引入用户自己建立的数据类型,是因为在处理复杂问题时,用整型、浮点型、字符型等基本数据类型来表示复杂的数据结构,很难准确表示不同数据之间的复杂关系。所以在 C 语言中引入了用户自己建立的数据类型,以满足表示复杂数据结构的需求。

7.2　使用 typedef 为数据类型定义别名有什么优缺点?

参考答案：typedef 可以为基本数据类型和用户自己建立的数据类型定义别名。其优点主要有两点:

一是可以使用这种方法来定义与平台无关的类型,使程序具有更好的可移植性。

二是可以通过对用户自建立数据类型定义别名来简化程序写法。

利用 typedef 定义别名的缺点主要是:在编程过程中,需要管理额外的数据类型名称,增加了编程复杂性和程序的可理解性。

7.3　假设顾客的银行账户包含账号、姓名、身份证号码、家庭地址、账户金额等信息,请声明一个结构体类型来表示银行账户信息,例如

账号：62220845019806

姓名：张三

身份证号码：390103200510010795

家庭住址：江苏省南京市后标营 100 号

账户金额：100.00 元

请编写一个程序,利用该结构体,完成某个顾客数据的输入和输出操作。

参考程序：

```
#include <stdio.h>
struct account                      // 结构体类型定义
{
    char accountNum[20];
    char name[10];
    char idCardNum[20];
    char address[50];
    float balance;
};

int main(void)
{
    struct account myAccount;

    printf("请输入账户信息\n");
    printf("账号：\n");
    scanf("%s",myAccount.accountNum);
```

```
        printf("姓名：\n");
        scanf("%s",myAccount.name);
        printf("身份证号码：\n");
        scanf("%s",myAccount.idCardNum);
        printf("家庭住址：\n");
        scanf("%s",myAccount.address);
        printf("账户金额：\n");
        scanf("%f",&myAccount.balance);
        printf("你输入的账户信息为：\n");
        printf("账号：\n");
        printf("%s\n",myAccount.accountNum);
        printf("姓名：\n");
        printf("%s\n",myAccount.name);
        printf("身份证号码：\n");
        printf("%s\n",myAccount.idCardNum);
        printf("家庭住址：\n");
        printf("%s\n",myAccount.address);
        printf("账户金额：\n");
        printf("%.2f\n",myAccount.balance);

        return 0;
    }
```

解析：

（1）在表示账号和身份证号码时，因为数字较大，所以使用字符数组表示而不是采取 int 或 long 型整型数字表示。

（2）因为账户余额只保留到分，所以输出只保留两位数字。

7.4　编程计算一个学生 5 门课程成绩的最高分、最低分和平均分。要求利用结构体表示学生的课程成绩，并设计子函数 calculate，分别计算最高分、最低分和平均分，在 main 函数中输入数据并调用 calculate 函数，最后输出结果数据。所有课程成绩为 0～100，并保留两位小数。

参考程序：

```
#include <stdio.h>
struct studentScore
{
    float score1;               //第一门课程成绩
    float score2;               //第二门课程成绩
    float score3;               //第三门课程成绩
    float score4;               //第四门课程成绩
    float score5;               //第五门课程成绩
};

struct scoreResult
{
    float maxScore;             //最高分
```

```
    float minScore;              //最低分
    float avgScore;              //平均分
};

// 函数说明：计算结构体变量 score_input 中各门成绩的最高分、最低分和平均分
// 形式参数：struct studentScore 结构体变量 score_input
// 返回值：struct scoreResult 结构体变量
struct scoreResult calculate(struct studentScore score_input)
{
    struct scoreResult result = {-1,101,0};
    float scoreSum = 0.0;

    //对第一门课程成绩进行处理
    if(score_input.score1<result.minScore)
        result.minScore = score_input.score1;
    if(score_input.score1>result.maxScore)
        result.maxScore = score_input.score1;
    scoreSum += score_input.score1;

    //对第二门课程成绩进行处理
    if(score_input.score2<result.minScore)
        result.minScore = score_input.score2;
    if(score_input.score2>result.maxScore)
        result.maxScore = score_input.score2;
    scoreSum += score_input.score2;

    //对第三门课程成绩进行处理
    if(score_input.score3<result.minScore)
        result.minScore = score_input.score3;
    if(score_input.score3>result.maxScore)
        result.maxScore = score_input.score3;
    scoreSum += score_input.score3;

    //对第四门课程成绩进行处理
    if(score_input.score4<result.minScore)
        result.minScore = score_input.score4;
    if(score_input.score4>result.maxScore)
        result.maxScore = score_input.score4;
    scoreSum += score_input.score4;

    //对第五门课程成绩进行处理
    if(score_input.score5<result.minScore)
        result.minScore = score_input.score5;
    if(score_input.score5>result.maxScore)
        result.maxScore = score_input.score5;
    scoreSum += score_input.score5;

    //计算平均分
```

```
    result.avgScore = scoreSum/5;

    return result;
}

int main(void)
{
    struct studentScore myScore;
    struct scoreResult myResult;

    printf("请输入各科目成绩(共 5 门)：\n");
    scanf("%f",&myScore.score1);
    scanf("%f",&myScore.score2);
    scanf("%f",&myScore.score3);
    scanf("%f",&myScore.score4);
    scanf("%f",&myScore.score5);

    //计算最高分、最低分和平均分
    myResult = calculate(myScore);
    printf("最高分为：");
    printf("%.2f\n",myResult.maxScore);
    printf("最低分为：");
    printf("%.2f\n",myResult.minScore);
    printf("平均分为：");
    printf("%.2f\n",myResult.avgScore);

    return 0;
}
```

解析：

（1）一个函数只能返回一个值，为了实现一个函数返回 3 个值，需要构造用于结果返回的结构体 scoreResult。

（2）在 calculate 函数中，采取打擂台法求最大值和最小值，所以在 scoreResult 变量初始化时，需要将 result.maxScore 初始化为课程成绩的下界，而将 result.minScore 初始化为课程成绩的上界，从而保证程序能够正确运行。

7.5 编写如下程序：首先声明一个结构体 fraction 来表示分数，然后编写两个子函数 add 和 multiply，分别实现分数的加法和乘法运算，最后编写一个主程序，实现输入两个分数，调用函数 add 和 multiply 计算其和与乘积，并输出计算结果的功能。

参考程序：

```
#include <stdio.h>
struct fraction
{
    unsigned int denominator;    //分母
    unsigned int numerator;      //分子
};
```

```
// 函数说明：计算两个表示分数的结构体变量的和
// 形式参数：struct fraction 结构体变量 x1 和 x2
// 返回值：struct fraction 结构体变量
struct fraction add(struct fraction x1,struct fraction x2)
{
    struct fraction result;
    unsigned int a,b,c;                //临时变量,用于求最大公约数
    result.numerator = x1.denominator*x2.numerator +
                       x2.denominator*x1.numerator;
    result.denominator = x1.denominator*x2.denominator;

    //通过辗转相除法,求现在分子、分母的最大公约数
    if(result.numerator>result.denominator)
    {
        a = result.numerator;
        b = result.denominator;
    }
    else
    {
        b = result.numerator;
        a = result.denominator;
    }
    c = a%b;
    while(c!=0)
    {
        a = b;
        b = c;
        c = a%b;
    }

    // 得到约分后的数字
    result.numerator = result.numerator/b;
    result.denominator = result.denominator/b;

    return result;
}

// 函数说明：计算两个表示分数的结构体变量的积
// 形式参数：struct fraction 结构体变量 x1 和 x2
// 返回值：struct fraction 结构体变量
struct fraction multiply(struct fraction x1,struct fraction x2)
{
    struct fraction result;
    unsigned int a,b,c;                //临时变量,用于求最大公约数
    result.numerator = x1.numerator*x2.numerator;
    result.denominator = x1.denominator*x2.denominator;

    //通过辗转相除法,求现在分子、分母的最大公约数
```

```
    if(result.numerator>result.denominator)
    {
        a = result.numerator;
        b = result.denominator;
    }
    else
    {
        b = result.numerator;
        a = result.denominator;
    }
    c = a%b;
    while(c!=0)
    {
        a = b;
        b = c;
        c = a%b;
    }

    //得到约分后的数字
    result.numerator = result.numerator/b;
    result.denominator = result.denominator/b;

    return result;
}

int main(void)
{
    struct fraction x1,x2,x3,x4;

    printf("请输入第一个数字的分子和分母: ");
    scanf("%u,%u",&x1.numerator,&x1.denominator);
    printf("请输入第二个数字的分子和分母: ");
    scanf("%u,%u",&x2.numerator,&x2.denominator);
    x3 = add(x1,x2);
    x4 = multiply(x1,x2);
    printf("二者的和为: ");
    printf("%u/%u\n",x3.numerator,x3.denominator);
    printf("二者的积为: ");
    printf("%u/%u\n",x4.numerator,x4.denominator);

    return 0;
}
```

解析:

(1) 在计算两个分数的和或乘积后,不要忘记将分子和分母约分的过程。

(2) 在将分子和分母约分的过程中,可以采取分子和分母同时除以其最大公约数的办法。

(3) 求最大公约数,可以采取辗转相除法。辗转相除法又称为欧几里得算法,即对于两个非负整数 a、b(a>b),其最大公约数 gcd(a,b)的值与值 gcd(b,a%b)相等。

7.6 声明一个结构体用于表示三维空间中点的坐标,然后编写一个程序,接收从键盘输入的两个点的坐标数据,计算两点之间的距离并输出。

参考程序:

```c
#include <stdio.h>
#include <math.h>
struct point
{
    double x;                    //x 坐标
    double y;                    //y 坐标
    double z;                    //z 坐标
};

int main(void)
{
    struct point p1,p2;
    double distance;

    printf("请输入第一个点的三维坐标:");
    scanf("%lf,%lf,%lf",&p1.x,&p1.y,&p1.z);
    printf("请输入第二个点的三维坐标:");
    scanf("%lf,%lf,%lf",&p2.x,&p2.y,&p2.z);
    distance = sqrt((p1.x-p2.x)*(p1.x-p2.x)+(p1.y-p2.y)*
                (p1.y-p2.y)+(p1.z-p2.z)*(p1.z-p2.z));
    printf("两个点的距离为:");
    printf("%lf\n",distance);

    return 0;
}
```

解析:

对于三维空间内两点,如果其坐标分别为(x1,y1,z1)和(x2,y2,z2),其距离 L 的计算公式为 $L=\sqrt{(x1-x2)^2+(y1-y2)^2+(z1-z2)^2}$。

7.7 在本地磁盘上建立一个文本文件,分别存储 10 个市场的名称、地址、联系电话、联系人,以及该市场内 5 种水果(苹果、香蕉、菠萝、葡萄和芒果)的价格。例如,

南京银桥市场 秦淮区应天大街 588 号 52419019 张三 2.5 3.5 3.0 6.0 11.0

金宝天印山农副产品批发大市场 江宁区天印大道 1288 号 84696880 李四 2.8 3.0 2.8 5.5 12.6

...

编程读取文件中的数据,并输出水果平均价格最高的市场的信息。

参考程序:

```c
//假设文本文件的路径为 c:\price.txt
#include <stdio.h>
```

```
#include <math.h>
struct marketInfo
{
    char name[50];                  //市场名称
    char address[50];               //市场地址
    char phoneNum[20];              //联系电话
    char contract[20];              //联系人
    float apple;                    //苹果价格
    float banana;                   //香蕉价格
    float pineapple;                //菠萝价格
    float grape;                    //葡萄价格
    float mango;                    //芒果价格
};
int main(void)
{
    struct marketInfo markets[10];      //存储 10 个市场的信息
    int i = 0,max;
    float avgPriceMax,avgPriceNow;
    FILE* file;

    //打开文件
    file = fopen("c:\\price.txt","r");
    if(file==NULL)
    {
        printf("数据文件打开错误!");
        return 1;
    }
    //读取数据
    while(i<10)
    {
        fscanf(file,"%s%s%s%s%f%f%f%f%f",markets[i].name,
        markets[i].address,markets[i].phoneNum,markets[i].contract,
        &markets[i].apple,&markets[i].banana,&markets[i].pineapple,
        &markets[i].grape,&markets[i].mango);
        i++;
    }
    fclose(file);
    //找到水果价格最高的市场
    max = 0;
    avgPriceMax = (markets[max].apple + markets[max].banana +
      markets[max].pineapple + markets[max].grape + markets[max].mango)/5;
    for(i=1;i<10;i++)
    {
        avgPriceNow = (markets[i].apple + markets[i].banana +
      markets[i].pineapple + markets[i].grape + markets[i].mango)/5;
        if(avgPriceNow > avgPriceMax)
        {
            max = i;
```

```
            avgPriceMax = avgPriceNow;
        }
    }
    printf("水果价格最高的市场为：");
    printf("%s\n",markets[max].name);
    printf("其地址为：");
    printf("%s\n",markets[max].address);
    printf("其联系电话为：");
    printf("%s\n",markets[max].phoneNum);
    printf("其联系人为：");
    printf("%s\n",markets[max].contract);
    printf("其苹果价格为：");
    printf("%.2f\n",markets[max].apple);
    printf("其香蕉价格为：");
    printf("%.2f\n",markets[max].banana);
    printf("其菠萝价格为：");
    printf("%.2f\n",markets[max].pineapple);
    printf("其葡萄价格为：");
    printf("%.2f\n",markets[max].grape);
    printf("其芒果价格为：");
    printf("%.2f\n",markets[max].mango);

    return 0;
}
```

解析：

(1) 通过建立结构体数组来存储从文件中读取出的市场信息。

(2) 可以通过打擂台法，将各个市场内的水果总价格进行比较，找到水果平均价格最高的市场。

7.8 分别建立表示学生银行卡信息和教师银行卡信息的结构体。学生银行卡包括开户行、卡号、姓名、年级、余额等信息，教师银行卡包括开户行、卡号、姓名、职称、余额等信息，其中，要求学生银行卡中的年级信息和教师银行卡中的职称信息使用共用体类型表示。编写一个程序，实现输入5个学生和5个教师的信息，分别统计不同年级（共分为4个年级）和不同职称（共分为教授、副教授、讲师和助教4个等级）的老师和学生的银行卡余额并输出。

参考程序：

```
#include <stdio.h>
#include <string.h>
//存储年级和职称信息的共用体
union status
{
    int grade;
    char title[8];
};
//银行卡信息
```

```
struct card
{
    char bank[20];
    char carNum[20];
    char name[20];
    union status gradeTitle;
    float balance;
};

int main(void)
{
    int i;
    struct card account[10];
    float balanceForGrade[4]={0};
    float balanceForTitle[4]={0};
    printf("请输入 5 个学生的信息：\n");
    for(i=0;i<5;i++)
    {
        scanf("%s%s%s%d%f", account[i].bank, account[i].carNum,
        account[i].name,&account[i].gradeTitle.grade,
        &account[i].balance);
    }
    printf("请输入 5 个教师的信息：\n");
    for(i=5;i<10;i++)
    {
        scanf("%s%s%s%s%f", account[i].bank, account[i].carNum,
        account[i].name,account[i].gradeTitle.title,&account[i].balance);
    }
    //按照年级统计余额
    for(i=0;i<5;i++)
    {
        if(account[i].gradeTitle.grade==1)
            balanceForGrade[0] += account[i].balance;
        else if(account[i].gradeTitle.grade==2)
            balanceForGrade[1] += account[i].balance;
        else if(account[i].gradeTitle.grade==3)
            balanceForGrade[2] += account[i].balance;
        else if(account[i].gradeTitle.grade==4)
            balanceForGrade[3] += account[i].balance;
    }
    //按照职称统计余额
    for(i=5;i<10;i++)
    {
        if(strcmp(account[i].gradeTitle.title,"助教")==0)
            balanceForTitle[0] += account[i].balance;
        else if(strcmp(account[i].gradeTitle.title,"讲师")==0)
            balanceForTitle[1] += account[i].balance;
        else if(strcmp(account[i].gradeTitle.title,"副教授")==0)
```

```
        balanceForTitle[2] += account[i].balance;
    else if(strcmp(account[i].gradeTitle.title,"教授")==0)
        balanceForTitle[3] += account[i].balance;
}
//输出信息
for(i=0;i<4;i++)
{
    printf("年级%d的学生,其银行卡余额为：%.2f\n",i+1,balanceForGrade[i]);
}
printf("职称为助教的老师,其银行卡余额为：%.2f\n",balanceForTitle[0]);
printf("职称为讲师的老师,其银行卡余额为：%.2f\n",balanceForTitle[1]);
printf("职称为副教授的老师,其银行卡余额为：%.2f\n",balanceForTitle[2]);
printf("职称为教授的老师,其银行卡余额为：%.2f\n",balanceForTitle[3]);

return 0;
}
```

解析：

（1）注意，在作字符串比较时，需要用到 strcmp 函数，该函数包含在头文件 string.h 中。

（2）由于学生的年级信息和教师的职称信息不会同时出现，因此参考代码中采用了共用体 union 的实现方式。

7.9 声明一个表示所有星期的枚举类型，然后利用其编写一个程序，能够根据用户输入的数字信息(1~7)，输出其对应星期几。

参考程序：

```
#include <stdio.h>
enum week { Monday=1,Tuesday,Wednesday,Thursday,Friday,Saturday,Sunday};
int main(void)
{
    enum week today;

    scanf("%d",&today);
    switch(today)
    {
    case Monday:
        printf("输入的是星期一!\n");break;
    case Tuesday:
        printf("输入的是星期二!\n");break;
    case Wednesday:
        printf("输入的是星期三!\n");break;
    case Thursday:
        printf("输入的是星期四!\n");break;
    case Friday:
        printf("输入的是星期五!\n");break;
    case Saturday:
        printf("输入的是星期六!\n");break;
```

```
        case Sunday:
            printf("输入的是星期天!\n");break;
        default:
            printf("输入错误!\n");
    }

    return 0;
}
```

解析:

由于要求输入的是1~7,所以需要将星期一与1对应,这可以有两种方法:一是可以直接将 Monday 的值设为1,二是可以在比较时,利用 today+1 的值来比较。参考程序使用了第一种方法。

7.10 声明一个表示所有月份的枚举类型,编写一个程序,能够根据用户输入的年份和月份,输出该月份的对应天数。

参考程序:

```
#include <stdio.h>
enum month {Jan=1,Feb,Mar,Apr,May,Jun,Jul,Aug,Sep,Oct,Nov,Dec};
int main(void)
{
    unsigned int yearInput;
    enum month monthInput;

    printf("请输入年份和月份: \n");
    scanf("%u,%d",&yearInput,&monthInput);
    switch(monthInput)
    {
        case Jan:
        case Mar:
        case May:
        case Jul:
        case Aug:
        case Oct:
        case Dec:
            printf("%u 年%d 月有 31 天。\n",yearInput,monthInput);
            break;
        case Apr:
        case Jun:
        case Sep:
        case Nov:
            printf("%u 年%d 月有 30 天。\n",yearInput,monthInput);
            break;
        case Feb:
            if((((yearInput%4==0)&&(yearInput%100!=0))||(yearInput%400==0))
            {
                printf("%u 年%d 月有 29 天。\n",yearInput,monthInput);
```

```
        }
        else
            printf("%u 年%d 月有 28 天。\n",yearInput,monthInput);
            break;
        default:
            printf("输入错误!\n");
    }

    return 0;
}
```

解析：

（1）由于输入的月份是 1~12，所以需要将一月与 1 对应，这可以有两种方法：一是可以直接将 Jan 的值设为 1，二是可以在比较时，利用 monthInput +1 的值来比较。参考程序采用了第一种方法。

（2）对于 2 月，需要判断是否是闰年。这里利用组合逻辑直接对闰年进行判断。

7.11 建立一个文本文件，存储 10 个工人的姓名以及 2021 年上半年 6 个月的工作量。例如，

张三 350 387 402 429 530 560

李四 367 357 409 444 239 207

编写一个程序，从该文本文件中读取出所有工人的工作量，并建立一个静态链表，将所有工人按照 2021 年 3 月的工作量的多少进行排序，最后按照排序顺序输出这个列表。

参考程序：

```
#include <stdio.h>
struct workerNode
{
    char name[10];                 //工人姓名
    int workAccount[6];            //1~6 月份的工作量
    struct workerNode *next;       //存储队列中下一个工人的地址
};
struct workerNode* insert(struct workerNode* phead,struct workerNode*
nodeInsert);                       //构建子函数,实现节点插入
int main(void)
{
    struct workerNode w1,w2,w3,w4,w5,w6,w7,w8,w9,w10;      //建立链表节点
    struct workerNode *phead=NULL; //链表头指针
    struct workerNode *sp;         //链表当前指针
    FILE* fp;
    int i;

    //打开文件
    fp = fopen("c:\\worker.txt","r");
    if(fp==NULL)
```

```
{
    printf("数据文件打开错误!");
    return 1;
}
```

```
//读出所有工人数据
fscanf(fp,"%s",w1.name);
for(i=0;i<6;i++)
    fscanf(fp,"%d",&w1.workAccount[i]);
fscanf(fp,"%s",w2.name);
for(i=0;i<6;i++)
    fscanf(fp,"%d",&w2.workAccount[i]);
fscanf(fp,"%s",w3.name);
for(i=0;i<6;i++)
    fscanf(fp,"%d",&w3.workAccount[i]);
fscanf(fp,"%s",w4.name);
for(i=0;i<6;i++)
    fscanf(fp,"%d",&w4.workAccount[i]);
fscanf(fp,"%s",w5.name);
for(i=0;i<6;i++)
    fscanf(fp,"%d",&w5.workAccount[i]);
fscanf(fp,"%s",w6.name);
for(i=0;i<6;i++)
    fscanf(fp,"%d",&w6.workAccount[i]);
fscanf(fp,"%s",w7.name);
for(i=0;i<6;i++)
    fscanf(fp,"%d",&w7.workAccount[i]);
fscanf(fp,"%s",w8.name);
for(i=0;i<6;i++)
    fscanf(fp,"%d",&w8.workAccount[i]);
fscanf(fp,"%s",w9.name);
for(i=0;i<6;i++)
    fscanf(fp,"%d",&w9.workAccount[i]);
fscanf(fp,"%s",w10.name);
for(i=0;i<6;i++)
    fscanf(fp,"%d",&w10.workAccount[i]);
//关闭文件
fclose(fp);

//建立链表
phead = insert(phead,&w1);
phead = insert(phead,&w2);
phead = insert(phead,&w3);
phead = insert(phead,&w4);
phead = insert(phead,&w5);
phead = insert(phead,&w6);
phead = insert(phead,&w7);
phead = insert(phead,&w8);
```

```
        phead = insert(phead,&w9);
        phead = insert(phead,&w10);

        //输出链表
        for(sp=phead;sp!=NULL;sp=sp->next)
        {
            printf("%s 六个月的工作量分别为: ",sp->name);
            for(i=0;i<6;i++)
                printf("%d,",sp->workAccount[i]);
            printf(".\n");
        }

        return 0;
    }
```

```
// 函数说明: 向 phead 指向的 struct workerNode 链表中插入 nodeInsert 指向的节点
// 形式参数: struct workerNode 结构体指针 phead 和 nodeInsert
// 返回值: struct workerNode 结构体指针
struct workerNode * insert (struct workerNode * phead, struct workerNode *
nodeInsert)
{
    struct workerNode* sp;

    //判断需要在链表首部插入 nodeInsert 的情况,这时需要更新 phead,执行结束后直接返回
    if (phead==NULL||phead->workAccount[2]<nodeInsert-> workAccount[2])
    {
        nodeInsert->next = phead;
        phead = nodeInsert;
        return phead;
    }

    //在链表中部或尾部插入节点,需要按照排序规则查找要插入的位置
    for(sp=phead;sp!=NULL;sp=(*sp).next)        // 遍历链表
    {
        //判断 sp 是最后一个节点的情况,此时 nodeInsert 应该插入到尾部
        if (sp->next==NULL)
        {
            nodeInsert->next = NULL;
            sp->next = nodeInsert;
            return phead;
        }
        else //此时 nodeInsert 应该插入到 sp 之后
            if (sp->next-> workAccount[2]<nodeInsert-> workAccount[2])
            {
                nodeInsert->next = sp->next;
                sp->next=nodeInsert;
                return phead;
            }
    }
}
```

解析：

（1）本题的难点是需要插入 10 个节点。对比主教材中的例 7.30,如果将插入部分的代码复制 10 遍,将使得程序十分烦琐,所以可以构建一个形为 struct workerNode∗ insert(struct workerNode∗ phead,struct workerNode∗ nodeInsert)的子函数,用于插入链表节点。

（2）参考程序中构建了一个静态链表。在构建过程中,首先需要定义 10 个节点 w1, w2,…,w10。在 main 函数中通过读取文件的方式为这些节点赋值。

（3）在实现插入子函数 insert 时,需要注意两方面的问题:一是该函数应该返回链表的首节点地址,这是因为链表的首节点 phead 的值可能被改变,如果不以返回值的形式将更改的值返回,则会出现链表首节点值丢失的问题;二是该函数应该以指针的形式传递待插入的节点地址,因为如果以值传递的方式传递该节点的值,那么在链表中存储的节点地址将是函数 insert 的形参的地址,而不是在主函数中声明的 w1,w2,…,w10 的地址。

7.12　编写一个程序,完成下述功能:实现首先从键盘上输入 5 个学生的学号、姓名和成绩信息,同步建立动态链表存储这些信息,接着从中查找并删除最高分的学生信息,最后输出剩下的学生信息。

参考程序:

```
#include <stdio.h>
struct studentNode
{
    int num;                          //学生学号
    char name[20];                    //学生姓名
    float eScore;                     //学生成绩
    struct studentNode *next;         //存储队列中下一个学生节点的地址
};

// 函数说明: 释放 phead 指向的 struct studentNode 链表内存
// 形式参数: struct studentNode 结构体指针 phead
// 返回值: void,无返回值
void freeMemory (struct studentNode* phead)
{
    struct studentNode *sp,*next;     //用于记录当前节点地址和下一个节点地址

    if(phead!=NULL)                   //动态链表不为空,需要释放内存
    {
        sp=phead;                     //指针变量 sp 指向队首
        do                            //遍历动态链表,释放每个成员
        {
            next=sp->next;            //记住下一个成员的地址
            free(sp);                 //释放队首的成员
            sp=next;                  //下一个成员成为新的队首
        }while(next!=NULL);
    }
```

```
    }

    // 函数说明：删除 phead 指向的 struct studentNode 链表中的最大元素
    // 形式参数：struct studentNode 结构体指针 phead
    // 返回值：struct studentNode 结构体指针
    struct studentNode *deleteStudent(struct studentNode *phead)
    {
        //指向当前节点和其前一个节点的指针
        struct studentNode *sNow=NULL, *sPre=NULL;
        //指向最高成绩的节点和其前一个节点的指针
        struct studentNode *sMax=NULL, *sMaxPre=NULL;

        sMax = phead;
        sNow = phead->next;

        //运用打擂台法找到成绩最高的学生
        while(sNow!=NULL)
        {
            if(sNow->eScore>sMax->eScore)
            {
                sMax = sNow;
                sMaxPre = sPre;
            }
            sPre = sNow;
            sNow = sNow->next;
        }

        //删除成绩最高的学生
        //如果成绩最高的学生是第一个节点
        if(sMaxPre==NULL)
        {
            phead = phead->next;
            free(sMax);
            return phead;
        }

        //成绩最高的学生不是第一个节点
        sMaxPre->next = sMax->next;
        free(sMax);
        return phead;                          //返回队首指针值
    }

    int main(void)
    {
        struct studentNode *phead = NULL;      //建立链表首节点
        struct studentNode *sp,*pTemp;
        int i;
```

```
    printf("请输入五个学生的信息：\n");
    // 使用 malloc 申请动态内存，建立链表
    for(i=0;i<5;i++)
    {
        sp=(struct studentNode*)malloc(sizeof(struct studentNode));
        scanf("%d%s%f",&sp->num,sp->name,&sp->eScore);
        //将该节点插入链表
        if(phead==NULL)
        {
            phead = sp;
            sp->next = NULL;
        }
        else
        {
            pTemp=phead;                    //通过 pTemp 找到最后一个节点
            while(pTemp->next!=NULL)
                pTemp = pTemp->next;
            //将 sp 添加在节点 pTemp 之后
            pTemp->next = sp;
            sp->next = NULL;
        }
    }
    //查找成绩最高的学生并删除
    phead = deleteStudent(phead);

    //输出链表
    for(sp=phead;sp!=NULL;sp=sp->next)
        printf("学号：%d；姓名：%s；成绩：%.2f；\n",sp->num,sp->name,sp->eScore);

    //删除节点
    freeMemory(phead);

    return 0;
}
```

解析：

（1）在创建链表时，每次都将新创建的节点添加到链表的最后；在这个过程中，如果首节点为空，则证明链表为空，需将新节点赋值给首节点；如果首节点不为空，则先找到链表的最后一个节点，然后将新节点添加在链表最后一个节点的后面。

（2）在查找成绩最高的学生时，依旧采取打擂台法，在这个过程中，考虑到后期删除该节点的需要，不仅需要找到成绩最高的学生所处的节点，同时也要找到该节点的前一个节点。

（3）使用动态内存空间时，在程序执行完后，一定要释放使用的内存空间，因此参考程序中定义了 freeMemory 函数，通过调用 free 函数释放链表中的每一个节点。

7.2 补充习题

1. 有以下结构体说明、变量定义和赋值语句：

```
struct SID
{
    char name [10];
    int age;
    char sex;
} s[5],*ps;
ps = &s[0];
```

则以下 scanf 函数调用语句有错误的是(　　)。

 (A) scanf("%s", s[0].name);   (B) scanf("%d", &s[0].age);

 (C) scanf("%c", &(ps -> sex)); (D) scanf("%d", ps -> age);

2. 有以下程序段：

```
struct st
{ int x; int *y;} * pt;
int a[] = {1,2},b[]={3,4};
struct st c[2] = {10, a, 20, b};
pt=c;
```

以下选项中表达式的值为 11 的是(　　)。

 (A) pt->x+1   (B) pt->x

 (C) * pt->y   (D) (pt++)->x

3. 有以下程序：

```
#include <stdio.h>
struct S{ int n; int a[20]; };
void f(int * a, int n)
{
    int i;
    for(i=0;i<n-1;i++)
        a[i] += i;
}
int main(void)
{
    int i;
    struct S s = {10,{2,3,1,6,8,7,5,4,10,9}};
    f(s.a,s.n);
    for(i=0; i<s.n; i++)
        printf("%d, ", s. a[i]);
    return 0;
}
```

程序运行后的输出结果是(　)。

(A) 2,3,1,6,8,7,5,4,10,9,　　　　(B) 3,4,2,7,9,8,6,5,11,10,

(C) 2,4,3,9,12,12,11,11,18,9,　　(D) 1,2,3,6,8,7,5,4,10,9

4. 有以下语句：

```
typedef struct S
{ int g; char h;} T;
```

以下叙述中正确的是(　)。

　　(A) 可用语句 struct S i; 定义结构体变量 i

　　(B) 可用 struct T j; 定义结构体变量 j

　　(C) S 是一个结构体变量

　　(D) T 是一个结构体变量

5. 有以下程序：

```
#include <stdio.h>
#include <string.h>
typedef struct { char name[9]; char sex; float score[2]; } STU;
void f(STU a)
{
    STU b = {"Zhao",'m',85.0,90.0};
    int i;
    strcpy(a.name, b.name);
    a.sex = b.sex;
    for(i=0;i<2;i++)
        a.score[i] = b.score[i];
}
int main(void)
{
    STU c = {"Qian",'f',95.0,92.0};
    f(c);
    printf("%s, %c, %2.0f, %2.0f\n",c.name, c.sex, c.score[0], c.score[1]);
    return 0;
}
```

程序运行后的输出结果是(　)。

　　(A) Zhao, m, 85, 90　　　　(B) Qian, m, 85, 90

　　(C) Zhao, f, 95, 92　　　　(D) Qian, f, 95, 92

6. 有以下程序：

```
#include <stdio.h>
#include <string.h>
struct A
{
    int a;
    char b[10];
```

```
        double c;
};
struct A f(struct A t);
int main(void)
{
    struct A a = {1001, "ZhangDa",1098.0};
    a=f(a);
    printf("%d, %s,%6.1f\n", a.a, a.b, a.c);
    return 0;
}
struct A f( struct A t)
{
    t.a = 1002;
    strcpy(t.b, "ChangRong");
    t.c = 1202.0;
    return t;
};
```

程序运行后的输出结果是(   )。

 （A）1002, ZhangDa,1202.0   （B）1002, ChangRong, 1202.0

 （C）1001, ChangRong, 1098.0   （D）1001, ZhangDa,1098.0

7. 对于语句"void ＊p ＝ malloc(sizeof(int)＊250);"，下面说法正确的是(   )。

 （A）经强制类型转换后,该语句所申请的内存可作为 125 个 double 元素的一维
      数组使用

 （B）利用指针 p,所申请的内存可作为 250 个 int 元素的一维数组使用

 （C）这条语句存在语法错误

 （D）该语句所申请内存只能存储 int 数据

8. 如下程序尝试找到年龄最大的人,并输出查找结果。请找出程序中的问题并改正。

程序源代码:

```
#define N 4
#include <stdio.h>
static struct man
{
    char name[20];
    int age;
} person[N] = {"li",18,"wang",19,"zhang",20,"sun",22};
int main(void)
{
    struct man *q,*p;
    int i,m = 0;
    p = person;
    for (i=0;i<N;i++)
    {
        if(m<p->age)
            q=p++;
```

```
        m = q->age;
    }
    printf("%s,%d",(*q).name,(*q).age);
    return 0;
}
```

9. 假设已定义了学生类型：

```
struct student
{
    char num[6];
    char name[8];
    int score[4];
};
```

请编写主函数 main( )，以及 void input(struct student) 和 void output(struct student) 两个子函数，共同实现输入输出 5 个学生信息的功能，其中函数 input( ) 实现信息的输入，函数 output( ) 实现已输入学生信息的输出，主函数分别调用两个子函数，完成相应任务。

10. 编程实现如下功能：有 5 个学生，每个学生有 3 门课的成绩，从键盘输入以上数据（包括学生号、姓名、3 门课成绩），计算出平均成绩，并将原始成绩和平均分均存放在磁盘文件 c：\student. txt 中。

11. 假设有如下的节点定义：

```
struct list
{
    int data;
    struct list *next;
};
```

请利用该节点定义，编程实现如下功能：

（1）创建一个静态链表，按照从小到大的顺序存储自然数 1～10。

（2）从键盘输入 10 个数字，创建一个动态链表，按照从小到大的顺序存储这些数字并输出。

第8章

程序写得好关键在算法

8.1 习题解析

8.1 什么是算法的时间复杂度和空间复杂度?

参考答案:算法是由一系列指令来实现的,这些指令的执行和存储都会消耗资源,从而呈现出性能的差异。算法的时间复杂度和空间复杂度就是衡量算法性能优劣的指标。

具体来说,时间复杂度是指执行算法所需要的计算工作量。时间复杂度越小,算法执行所需的时间越短,算法执行得更快。

空间复杂度是指执行这个算法所需要的内存空间。空间复杂度越小,算法运行时所占用的存储资源就越少,对系统的要求也越低。

8.2 孪生素数就是指相差 2 的素数对,例如 3 和 5、5 和 7、11 和 13,用试商法求 100~200 的所有孪生素数,并将结果输出到屏幕。

参考程序:

```c
#include <stdio.h>
#include <math.h>
// 函数说明:代入一个整数 n,判断该数是否是素数
// 形式参数:整型数据 n
// 返回值:整型数据
int isPrime(int n)
{
    int j;
    for(j=2;j<=sqrt(n);j++)
    {
        if(n%j==0)
        {
            return 0;                  /*n 能被 j 整除,不是素数,返回 0*/
        }
    }
    return 1;                          /*n 是素数,返回 1*/
}


int main(void)
{
    int i,count = 0;

    for(i=101;i<200; i+=2)
        if(isPrime(i)&&isPrime(i+2))
        {
            printf("%-3d,%3d\n",i, i+2);    //注意输出的格式
            count++;
        }

    return 0;
}
```

解析：

孪生素数是指：若 a 为素数，且 a+2 也是素数，则素数 a 和 a+2 称为孪生素数。

要编程求解的问题是找出 100~200 的所有孪生素数。根据所学的试商法可以知道只需要对 100~200 的每一个整数 n 进行考查，先判断 n 是否为素数，再判断 n+2 是否为素数，如果 n 和 n+2 同时为素数，则（n,n+2）就是一对孪生素数，将其输出即可。

可以定义判断是否为素数的函数为 isPrime( )，每次判断整数 n 是否为素数时都将 n 作为实参传递给函数 isPrime( )，在函数 isPrime( ) 中使用前面介绍过的判别素数的方法进行判断。

8.3　求 1 000 000~2 000 000 的所有素数，并将结果输出到屏幕。

参考程序：

```c
#include <stdio.h>
#include <math.h>
int main(void)
{
    int num,i,flag;

    for(num=1000001; num<2000000; num+=2)
    {
        flag = 0;
        for(i=3;i<=sqrt(num);i+=2)
        {
            if(num%i==0)
            {
                flag = 1;
                break;
            }
        }
        if(flag==0) printf("%d ",num);
    }

    return 0;
}
```

解析：

由于要判断的数据量比较大，因此先对数据进行预判，只对奇数进行试商可以有效减少计算量。

8.4　现有待排序序列为：2,44,38,5,47,36,26,19,55,88,4。请使用冒泡排序算法编写一个程序实现对该序列按照降序排序。

参考程序：

```c
#include <stdio.h>
int main(void)
{
```

```
    int a[11],i,j;

    printf("请输入 11 个数字:\n");
    for(i=0; i<11; i++)
        scanf("%d",&a[i]);
    for(i=0; i<10; i++)
    {
        for(j=0; j<10-i; j++)
        {
            if(a[j]<a[j+1])
            {
                int t = a[j];
                a[j] = a[j+1];
                a[j+1] = t;
            }
        }
    }
    printf("冒泡排序后:\n");
    for(i=0; i<11; i++)
        printf("%d ",a[i]);
    printf("\n");

    return 0;
}
```

解析:

冒泡排序法是常用的排序方法,它的核心思想是每次对数组的元素遍历一次,使得最大(小)值能逐步移动到数组的最前(后)位置。由于在遍历时,最大(小)值不停地移动,就像水中空气泡不断地上浮,越来越大,故称之为冒泡法。假设原来有 n 个待排序的数据,这样移动后,需要排序的数据只剩下 n−1 个。继续对 n−1 个数据重复冒泡操作,逐渐减少待排序数据的个数,直到只剩最后一个数据结束。

图 8.1 给出了冒泡法排序过程的示意图。结合参考代码,排序的过程具体如下:

(1) 从键盘输入 11 个数据: 2,44,38,5,47,36,26,19,55,88,4,如图 8.1(a)所示。

(2) 第一轮外层循环,i=0,j 从 0 开始递增到 9。

首先判断 a[0]<a[1],由于 a[0]是 2,a[1]是 44,所以 a[0]<a[1],这时交换两个数据,结果如图 8.1(b)所示;

j 加 1 后为 1,此时再判断 a[1]<a[2],由于 a[1]已被交换为 2,a[2]是 38,所以 a[1]<a[2],这时交换两个数据,结果如图 8.1(c)所示;

依次处理,当 j 等于 9 时,判断 a[9]和 a[10]的关系,由于 a[9]是 2,a[10]是 4,继续交换两个数据,最终在第一轮外层循环结束时的结果如图 8.1(d)所示;

可以看到,在进行降序排序时,最小值在不断进行的相邻两数的比较中,逐步地向后移动,从 a[0]的位置移到了 a[10],实现了有序排列。这个操作中由于最小值的移动,其他元素也都跟着移动了位置。这和习题 6.10 选择法的操作不一样。

（3）第二轮外层循环,i=1,j从0开始递增到8。

首先判断a[0]<a[1],由于a[0]是44,a[1]是38,a[0]>a[1],这时不做任何处理。然后,j加1后变为1,判断a[1]<a[2],由于a[1]是38,a[2]是5,a[1]>a[2],依然不做任何处理。

j再次加1变为2,判断a[2]<a[3],由于a[2]是5,a[3]是47,a[2]<a[3],这时交换两个数据,结果如图8.1(e)所示;

依次处理,最终在第二轮外层循环结束时的结果如图8.1(f)所示。

（4）最后一轮外层循环,i=9,j从0开始到0结束。由于a[0]是55,a[1]是88,a[0]<a[1],这时交换两个数据。最终结果如图8.1(g)所示。

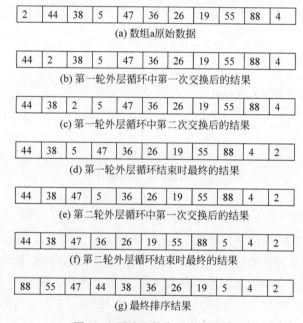

图 8.1 冒泡法排序过程示意图

8.5 简述二分查找算法的两个必要前提。

参考答案：二分查找算法有两个必要的前提条件：

（1）数据存储在类似于数组的结构中；

（2）数据是按待查找的属性有序排列的。

8.6 假设一个学生信息包括学号、性别、年龄和成绩4个属性,请定义并初始化一个学生信息结构体数组,其中初始化时按学号从小到大进行排序输入,然后,编程实现一个二分查找算法,实现给定一个学号,查找输出对应学生相关所有属性信息的功能。若学生学号不存在,则提示未找到。

参考程序：

```
#include <stdio.h>
#include <string.h>
```

```
#define N 10000
struct Student
{
    int id;
    char sex[20];
    char name[200];
    int age;
} stu[N];

// 函数说明：在结构体数组 stu[]中，在第 si 个元素到第 ei 个元素之间查找等于 x 的元素
// 形式参数：struct Student 数组,整型数据 si,ei 和整型数据 x
// 返回值：整型数据
int BinSearch(struct Student stu[],int si,int ei,int x)
{
    int mi = 0;
    while(ei>=si)
    {
        mi = (si+ei)/2;
        if(stu[mi].id>x) ei = mi-1;
        else if(stu[mi].id<x) si = mi+1;
        else return mi;
    }
    return -1;
}
int main(void)
{
    struct Student stu[5] = {{001,"男","王林",18},{002,"女","彭莉",19},
     {003,"女","刘柳",20},{004,"女","李娟",19},{005,"男","朱朋",18}};
    int x,idx;

    printf("请输入要查找的学号：\n");
    scanf("%d",&x);
    idx = BinSearch(stu,0,4,x);
    if(idx<0)
        printf("学生学号不存在,则提示未找到%d\n",x);
    else
        printf("找到学生信息为:%d,%s,%s,%d\n", stu[idx].id, stu[idx].sex,
        stu[idx].name, stu[idx].age);

    return 0;
}
```

解析：

参考主教材中二分法查找算法和前面章节结构体数组的用法。

8.7　小张是一个喜欢思考的人,他在爬楼梯的时候想,如果每次可以上一级台阶或者两级台阶,那么上 n 级台阶一共有多少种方案？请你设计一个程序来计算到底有多少种方案。

参考程序：

```c
#include <stdio.h>
#include <stdlib.h>
// 函数说明：代入一个整数 n，计算到达 n 级台阶时可能的方案数
// 形式参数：整型数据 n
// 返回值：long long 整型数据
long long step(int n)
{
    if(n==1)
    {
        return 1;
    }
    else if (n==2)
    {
        return 2;
    }
    else
    {
        return step(n-1)+step(n-2);
    }
}
int main(void)
{
    int n;
    long long num;
    scanf("%d",&n);
    num = step(n);
    printf("%lld",num);
    return 0;
}
```

解析：

本题利用了递归法进行求解。设 n 级台阶的行走方案数为 f(n)，则基本的递归公式为

$$f(n) = f(n-1) + f(n-2)$$

这个公式可以这样理解：

假设目前已走到第 n-1 级台阶，可能的方案数为 f(n-1)，这时只要再走 1 步，就能走到第 n 级台阶。而如果目前已走到第 n-2 级台阶，可能的方案数为 f(n-2)，这时再走 2 步，也能走到第 n 级台阶。除了这两种方案之外，就没有其他方法了。

递归的结束条件是 n=1 和 n=2。这时 f(1)=1，f(2)=1。

可以看出，f(n)就是斐波那契数列。

8.8 请用带备忘录的递归法求解 N!。

参考程序：

```c
#include <stdio.h>
```

```
#include <math.h>
#define N 1000
int main(void)
{
    long long fac(int n);
    int n;
    scanf("%d",&n);
    printf("%lld",fac(n));
    return 0;
}
long long sum[N] = {0};

// 函数说明：代入一个整数 n,判断 n!
// 形式参数：整型数据 n
// 返回值：long long 整型数据
long long fac(int n)
{
    if(n<=0) return 1;
    if(sum[n]!=0) return sum[n];
    return sum[n] = n*fac(n-1);
}
```

解析:

参考备忘录的递归法求斐波那契数列的方法,只需要将递归结束条件和递归公式修改为如下代码即可:

```
if(n<=0) return 1;
if(sum[n]!=0) return sum[n];
return sum[n] = fac(n-1)+fac(n-2);
```

8.2 补充习题

1. 输入两个正整数 m 和 n,求其最大公约数和最小公倍数。

2. 编写程序:对一个已经排好序的数组,现输入一个数,要求按原来的规律将它插入数组中。

第二部分

实验指导

第 **9** 章

程序设计初体验

9.1 实验题目

1. 编写 Hello World 程序。
2. 编写程序,实现简单的数值计算。
3. 发现并修改程序中的错误。

9.2 实验目的

1. 熟悉 C 程序的运行环境,掌握在 VS2010 中创建、调试、运行 C 程序的过程。
2. 掌握 C 程序的错误类型,了解不同错误类型的排除方法。

9.3 实验内容和要求

1. 编写 Hello World 程序。

编写一个程序,在屏幕上显示文字"Hello World!"。

要求:

(1) 在 VS2010 中创建 console(控制台)项目,项目名可取为 Helloworld,在该项目中实现基本功能,在屏幕上显示要求的文字。

(2) 基本功能完成后,进一步完善程序,对显示的文字加以装饰,即显示 3 行文字,除了第二行是"Hello World!"外,第一行和第三行均为"*********"。

知识提示:

(1) 在 VS2010(或其他的集成开发环境)中创建项目进行程序设计,常采用如下步骤:

① 创建项目,生成 Project;

② 创建应用,生成 Win32 控制台应用程序(空项目);

③ 创建文件,生成以 . c 为扩展名的源文件;

④ 保存文件,给项目命名;

⑤ 编译程序,编译文件,得到目标文件和可执行文件;

⑥ 调试程序,运行程序,对程序运行结果中的错误进行分析,完善程序。

(2) 在屏幕上输出文字,需要使用 C 语言库函数 printf。为了正确使用 printf 函数,需要在 C 文件的开始位置利用#include 包含 stdio. h。

(3) 输出文字时,要控制换行,应使用'\n'这种表达方式。其中的符号"\"称为转义字符,用于与正常的字符做区分。

预期结果:

基本功能:

Hello World!

改进功能：

****

Hello World！

****

2. 编写程序，实现简单的数值计算。

编写一个程序，在屏幕上显示一个加法计算的数学式。

要求：

在 VS2010 中创建 Win32 控制台项目，在该项目中实现基本功能，在屏幕上显示要求的文字。

知识提示：

（1）程序中可以直接输出固定的文字，例如利用"printf（"2+3＝5"）；"在屏幕上直接显示 2+3＝5。

（2）程序中可以利用变量来记录数据，通过计算机的计算过程得到结果，并利用 printf 函数输出这些数据，例如，下面的两条语句同样实现了显示"2+3＝5"的功能。

```
int a = 2,b = 3;
printf("2+3 = %d",a+b);
```

预期结果：

输出：

2+3＝5

3. 发现并修改程序中的错误。

创建 VS2010 项目，将下面的几段代码加入源文件中，测试这些代码中的错误并纠正。

代码一：

```
#include <stdio.h>          // 这是编译预处理命令
int main(void)              // 定义主函数
{                          // 主函数开始
    int a,b,sum;           // 程序的声明,定义 a、b、sum 为整型变量
    a = 123;               // 对变量 a 赋值
    b = 456                // 对变量 b 赋值
    sum = a + b;           // 进行 a+b 的运算,并把结果存放在变量 sum 中
    printf("sum is %d\n",sum); // 输出结果
    return 0;              // 使函数返回值为 0
}                          // 主函数结束
```

代码二：

```
#include <stdio.h>          // 这是编译预处理命令
int main(void)              // 定义主函数
{                          // 主函数开始
    int a,b,product;       // 程序的声明,定义 a、b、product 为整型变量
```

```
    a = 8;                      // 对变量 a 赋值
    b = 6;                      // 对变量 b 赋值
    product = ab;               // a 和 b 相乘,存储于 product
    printf("product is %d\n",product);    // 输出结果
    return 0;                   // 使函数返回值为 0
}                               // 主函数结束
```

代码三:

```
#include <stdio.h>             // 这是编译预处理命令
int main(void)                 // 定义主函数
{                              // 主函数开始
    int a,b,c;                 // 程序的声明,定义 a、b、c 为整数
    scanf("%d%d",&a, &b);      // 从键盘输入两个 0,用空格分隔
    c = a/b;                   // 求商
    printf("%d\n",c);          // 输出结果
    return 0;                  // 使函数返回值为 0
}                              // 主函数结束
```

知识提示:

（1）编写程序时,并不能保证在源文件中键入所有的代码后就一定能成功。由于各种各样的原因,程序会出错。有的时候是编译出错,这时 VS2010 会出现 Error 的提示。有的时候能够生成 .exe 可执行程序,但是运行后结果不对。这时需要对程序进行调试,找到引起错误的原因。

（2）程序错误的类型。

➤ **语法错误**

不符合 C 语言的语法规定。

➤ **逻辑错误**

符合语法规定,但执行结果不正确。

➤ **运行错误**

符合语法规定,无逻辑错误,但执行结果不正确或运行不正常。

（3）检查程序错误的方法。

➤ **静态检查**

逐行逐句检查代码的书写,是否符合 C 语言语法规定,包括变量是否定义,语句结束是否有分号";",括号、引号是否前后匹配等。

➤ **动态检查**

根据编译错误提示,排除错误;从上到下逐一排除;

VS2010 等集成开发环境在给出编译结果时会提示出错行,但实际错误并不一定在出错行发生,这时需要到前面的一行甚至几行内查找错误。

➤ **结果分析**

测试数据尽量全面;检查程序中是否忽略了某些可能的数据情况,通过分段排查的方法确认错误的位置。

（4）书写规范代码的建议。

➤ 采用结构化的方法，多利用函数实现相对独立的功能，不要将所有代码都写在main函数中；

➤ 在代码书写前构思或绘制流程图，代码的书写顺序与流程图的顺序保持一致；

➤ 合理命名各种符号来表示变量、函数等，增加代码的可读性；

➤ 尽可能多加注释，帮助理解程序；

➤ 每行一条语句；根据语句的层次关系，采用缩进方式安排语句。

例如图9.1就展示了一段书写不规范的代码，这种代码阅读起来非常费力，检查错误也很困难。

```
#include <stdio.h>
int main(void)    {int a1,a2,a3;   a1 = 123;
a2 = 456;  a3 = a1 + a2;printf("sum
is %d\n",a3);    return 0; }
```

图 9.1 不规范的代码示例

预期结果：

代码一，

有语法错误，编译失败。

原因：语句 b = 456 缺少结束标志";"，会出现致命错误。

VS2010 编译系统可以检测出程序中存在的语法错误。编程人员根据提示，在该表达式后补上分号，就能消除这个错误。

代码二，

有语法错误，编译失败。

原因：数学代数式和程序中的计算公式写法不一样。在数学中，代数式 ab 可以表示 a 和 b 相乘，而程序中 ab 并不是一个运算，而是一个完整的符号（标识符），用于表示程序中一个有意义的量。C 语言中所有使用到的量都要先定义再使用，在语句 product = ab; 之前并没有对 ab 进行说明，因此出错。

VS2010 编译系统能够根据语法规则，检测出 ab 没有定义就使用。但是这种错误提示并不能指出错误的真正原因。如果根据提示，补充 ab 的定义，虽然语法没有问题了，但并不能实现程序的最终功能。出现这种问题时，需要编程人员根据提示找到出错的语句，自行判断修改方法。

代码三，

编译无误，但运行出错。

原因：在数学运算中，0 不能作除数。计算机也无法实现除以 0 的运算，因此会出错。

VS2010 编译系统无法检测这种错误。当发现运行出错后，编程人员对这种错误的修改也更难一些，需要根据计算过程，自行确定出错的语句，并判断原因，进行合理的修改。

9.4 实验参考代码

1. 实验1参考代码

```
#include <stdio.h>              // 这是编译预处理指令
int main(void)                  // 定义主函数
{                               // 函数开始的标志
    printf("Hello World!");     // 输出所指定的一行信息
    return 0;                   // 函数执行完毕时返回函数值0
}
```

对功能加以完善后,程序修改为

```
#include <stdio.h>              // 这是编译预处理指令
int main(void)                  // 定义主函数
{                               // 函数开始的标志
    printf("*********\n");      // 修饰标志
    printf("Hello World!\n");   // 输出所指定的一行信息
    printf("*********\n");      // 修饰标志
    return 0;                   // 函数执行完毕时返回函数值0
}
```

2. 实验2参考代码

(1) 实现方法1:

```
#include <stdio.h>              // 这是编译预处理指令
int main(void)                  // 定义主函数
{                               // 主函数开始的标志
    printf ("2+3=5");           // 输出所指定的一行信息
    return 0;                   // 主函数执行完毕时返回值0
}
```

(2) 实现方法2:

```
#include <stdio.h>              // 这是编译预处理指令
int main(void)                  // 定义主函数
{                               // 主函数开始的标志
    printf("2+3=%d\n",2+3);     // 计算2+3,然后把结果传递给printf
    return 0;                   // 主函数执行完毕时返回值0
}
```

(3) 实现方法3:

```
#include <stdio.h>              // 这是编译预处理指令
int main(void)                  // 定义主函数
{                               // 主函数开始的标志
    int a = 2,b = 3;            // 利用变量来记录2和3
```

```
    printf("2+3=%d\n",a+b);              // 计算 a+b,然后把结果传递给 printf
    return 0;                             // 主函数执行完毕时返回值 0
}
```

（4）实现方法 4：

```
#include <stdio.h>                        // 这是编译预处理指令
int main(void)                            // 定义主函数
{                                         // 主函数开始的标志
    int a = 2,b = 3,sum;                  // 利用变量来记录 2 和 3,sum 来存储 a+b 的结果
    sum = a+b;                            // 利用计算机计算 a+b
    printf("2+3=%d\n",sum);               // 把 sum 传递给 printf
    return 0;                             // 主函数执行完毕时返回值 0
}
```

（5）实现方法 5：

```
#include <stdio.h>                        // 这是编译预处理指令
int main(void)                            // 定义主函数
{                                         // 主函数开始的标志
    int a = 2,b = 3,sum;                  // 利用变量来记录 2 和 3,sum 来存储 a+b 的结果
    sum = a+b;                            // 利用计算机计算 a+b
    printf("%d+%d=%d\n",a,b,sum);         // 把 a,b 和 sum 都传递给 printf
    return 0;                             // 主函数执行完毕时返回值 0
}
```

3. 实验 3 参考代码

（1）代码一修改结果：

```
b = 456;                                 // 对变量 b 赋值,增加了语句结束符号";"
```

（2）代码二修改结果：

```
product = a*b;                           // a 和 b 相乘,存储于 product,使用运算符"*"
```

（3）代码三修改结果：

```
#include <stdio.h>                        // 这是编译预处理命令
int main(void)                            // 定义主函数
{                                         // 主函数开始
    int a,b,c;                            // 程序的声明部分,定义 a、b、c 为整数
    a = 0,b = 1;                          // 从键盘为 a,b 赋值
    if(b==0)                              // 增加对除数 b 的判断
    {
        printf("除数不能是零\n");
        return 0;
    }
    c = a/b;                              // 求商
    printf("%d\n",c);                     // 输出结果
```

```
    return 0;                            // 使函数返回值为 0
}                                        // 主函数结束
```

9.5 典型错误辨析

初学编程的读者在录入程序时,经常会遇到一些莫名其妙的错误,即使与书本上的源代码进行核对也发现不了问题。这主要是由于输入的符号出错了。

在 C 语言程序中,标识变量和函数名称的符号,以及执行程序功能的运算符都要符合语法规范。标识符只能由西文符号、阿拉伯数字和下画线"_"构成,且第一个符号不能是阿拉伯数字。因此中文符号不能作变量或函数名使用。

C 语言中合法的运算符号只能是西文符号。当计算机默认的输入法是中文输入法时,很容易产生符号输入错误的现象。这些符号很难区分。当编译中出现类似"〔Error〕stray '\306' in program"之类的错误提示时,就说明出现了这样的错误。

表 9.1 中给出了典型的符号输入错误情况。

表 9.1　中文输入法中容易出错的运算符

运　算　符	典型错误	运　算　符	典型错误
-(西文)	—(中文)	()(西文)	()(中文)
*(西文)	×(中文)	.(西文)	。(中文)
,(西文)	,(中文)	"(西文)	"(中文)
;(西文)	;(中文)	[](西文)	【】(中文)
?(西文)	?(中文)		

9.6 参考实验课题

1. 编写程序,在屏幕上显示"I am a student."
2. 编写程序,在屏幕上显示如下图形。

```
*
* *
* * *
* * * *
* * *
* *
*
```

第 10 章

变量及算术计算

10.1　实验题目

1. 编写程序,观察整型和字符型变量的地址、变量的值。
2. 编写程序,验证 C 语言的算术运算符的计算结果。
3. 编写程序,验证 C 语言自增、自减运算的结果。
4. 编写程序,实现摄氏温度与华氏温度的换算。
5. 编写程序,计算物体的速度和位移。
6. 编写程序,计算三角形的面积。

10.2　实验目的

1. 掌握数据类型的概念和定义方法。
2. 掌握整型和浮点型变量的表示方法,掌握变量定义、赋初值的方法。
3. 掌握算术运算符和算术表达式的使用,掌握不同类型数据间的混合运算。
4. 熟悉顺序结构程序流程,掌握简单语句的编写。

10.3　实验内容和要求

1. 编写程序,观察整型和字符型变量的地址、变量的值。

编写一个程序,用变量存储给定的一个整数和一个字符,观察整数和字符在计算机中保存的地址、占用空间大小和具体的值。

要求:

(1) 逐行显示每个结果。

(2) 地址显示利用十六进制方式,可以使用格式控制符"%x"实现。

知识提示:

(1) 在程序中,需要指定变量的类型。编译系统会根据数据类型,为变量分配相应的内存单元。这些内存单元的编号就是访问它们的地址。

(2) 不同类型的数据,会占用不同大小的存储空间。C 语言中提供了一个关键字 sizeof,专门用于查看变量或类型占用的内存空间大小。

预期结果:

```
字符 c 的值是 2
字符 c 的存储地址是 0x22fe4b
字符 c 占用内存 1 字节
整数 a 的值是 2
整数 a 的存储地址是 0x22fe4c
整数 a 占用内存 4 字节
```

说明：

（1）我们可以为字符变量和整型变量指定不同的数值，这里字符型变量初始化的值为 '2'，整型变量初始化的值为 2。

（2）变量的存储地址由系统分配，存储地址在不同的计算机上会有不同。因此，字符 c 的存储地址和整数 a 的存储地址和预期输出结果不同，并不意味着程序出错了。

2. 编写程序，验证 C 语言的算术运算符计算结果。

编写程序，给定两个整数，在程序中分别实现加、减、乘、除、取余运算，并在屏幕上逐行显示上述运算的结果。

要求：

（1）输出时每行显示一条完整运算结果，例如 2+3=5。

（2）基本功能设计完成后，修改程序，给定两个小数，在程序中实现加、减、乘、除运算，分析结果发生什么变化。

（3）浮点型数据的显示，除了商保留 2 位小数外，别的数据都保留 1 位小数。利用"%.1f"和"%.2f"可以分别实现保留 1 位小数和 2 位小数的显示控制。

知识提示：

（1）在 C 语言程序中，如果要处理的数据不同，则需要使用不同类型的变量。例如，在处理整数时，需要使用 int 变量；在处理小数时，需要使用 float 型或 double 类型变量。

（2）在 C 语言中，除法运算符根据参与计算的数据类型不同，实现不同的功能。如果被除数和除数均为整数，它实现的是整除运算，即只保留商的整数部分，小数部分舍弃。如果被除数和除数有一个是浮点数，那么它实现的是普通的除法运算，结果为浮点数。

（3）在 C 语言的取余运算中，参与运算的数据只能是整数。若使用浮点数进行取余运算，程序将无法通过编译。

（4）在观察结果时，注意整数和浮点数显示格式的差异。显示整数需要用"%d"，显示浮点数需要用"%f"。

（5）在观察结果时，%的输出需要使用"%%"格式控制方法。这是因为"%"是特殊字符，用于与 d、f、c 等字符组合实现不同的显示格式。

预期结果：

整数运算结果（在指定两个整数分别为 2、3 的情况下）

输出：2+3=5
2-3=-1
2*3=6
2/3=0
2%3=2

浮点数运算结果（在指定两个整数分别为 2.5、3.0 的情况下）

输出：2.5+3.0=5.50
2.5-3.0=-0.50
2.5*3.0=7.50
2.5/3.0=0.83

3. 编写程序,验证 C 语言自增、自减运算的结果。

要求:

键入如下两段代码,验证这些程序中自增、自减运算的结果。

代码一:

```
#include <stdio.h>
int main(void)
{
    int i = 6, a, b;
    printf("%d\n", ++i);
    printf("%d\n", i++);
    a = --i;
    printf("%d\n", a);
    b = i--;
    printf("%d\n", b);
    printf("%d\n", -i++);
    printf("i =%d\n", i);
    return 0;
}
```

代码二:

```
#include <stdio.h>
int main(void)
{
    int i = 5, j = 5, p, q;
    p = (i++)+(i++);
    q = (++j)+(++j);
    printf("p =%d,i =%d\n", p, i);
    printf("q =%d,j =%d\n", q, j);
    return 0;
}
```

知识提示:

(1) 在 C 语言程序中,自增、自减运算符的运算结果与其出现的位置有关。本实验通过实际的计算过程验证自增、自减的结果,增强读者对自增、自减运算符运算的理解。

(2) 为避免自增、自减和普通加、减法的混淆,建议用括号将自增、自减运算表达式括起来,例如 p =(i++)+(i++);。

(3) 在程序中,应尽量避免在一条语句中出现多次自增、自减的运算。一方面,这样的代码可读性不强;另一方面,由于不同的编译器对自增、自减的解释存在差异,很可能会出现同样的程序在不同的环境中运行产生不同的结果。对于这种情况,查找原因比较困难。

预期结果:

代码一:

7

7

```
7
7
-6
i=7
```

代码二：

```
p=10,i=7
q=14,j=7
```

4. 编写程序,实现摄氏温度与华氏温度的换算。

编写程序,给定一个华氏温度,要求输出对应的摄氏温度。

要求：

在实现基本功能后,尝试实现摄氏温度向华氏温度的转换。

知识提示：

(1) 若摄氏温度是 C、华氏温度是 F,则两者的换算关系为

$$C = \frac{5}{9}(F-32)$$

(2) 虽然上述公式中常量 5、9、32 都是整数,但是在数学计算过程中会出现小数,因此在程序中两个温度数据都建议采用 float 类型变量记录。

预期结果：

华氏温度向摄氏温度转换：

输出：当前华氏温度 86.0 度
　　　对应摄氏温度 30.0 度

摄氏温度向华氏温度转换：

输出：当前摄氏温度 25.5 度
　　　对应华氏温度 77.9 度

5. 编写程序,计算物体的速度和位移。

编写程序,指定物体的初速度 v_0 和加速度 a 和经过的时间 t,计算并输出物体在时刻 t 的速度和位移。

要求：

(1) 物体的初速度 v_0 和加速度 a 用浮点型数据记录,时间 t 用整型数据记录。

(2) 输出结果需要将初速度 v_0、t 时刻的速度和位移都显示出来,t 保留 1 位小数。

知识提示：

(1) 知道物体的初速度 v_0、加速度 a 和经过的时间 t,可以用物理学公式,得到 t 时刻的速度 v 为

$$v = v_0 + at$$

得到 t 时刻的位移 s 为

$$s = v_0 t + \frac{1}{2}at^2$$

（2）C语言中变量名没有下标,因此初速度变量可以定义为 v0。

（3）C语言中两个整型数据做除法运算,结果为整数,舍掉了小数部分。因此常量 1 和 2 在做运算时需要做数据类型转换,如 1.0/2,或 1/2.0,或 1.0/2.0。

（4）C算术表达式中运算符不能省略,如 v = v0+a * t 是正确的表达式,而 v = v0+at 就是错误的表达式,会产生编译错误。

预期结果:

提示信息:请输入初速度、加速度和经过的时间。

输入:0 0.19 30
输出:当初始速度为 0.000000 时
　　　30.0s 时的速度为 5.700000
　　　30.0s 时的位移为 85.500000

6. *编写程序,计算三角形的面积。*

编写程序,指定三角形的 3 条边长,计算并输出三角形的面积。

要求:

（1）三角形的 3 条边长用浮点型数据记录,面积也用浮点型数据记录;

（2）输出结果中需要将边长和面积都显示出来,面积保留 2 位小数,边长保留 1 位小数。

知识提示:

（1）在已知三角形 3 条边长的条件下,可以采用海伦-秦九韶公式计算面积。假设三角形 3 条边长为 a、b 和 c,则三角形的面积为

$$S = \sqrt{s(s-a)(s-b)(s-c)}$$

其中 $s = \dfrac{1}{2}(a+b+c)$ 是半周长。

（2）C语言中没有平方根运算符,因此在利用该公式计算时,需要使用库函数 sqrt( )。使用该函数需要在程序的首部利用编译预处理命令#include <math.h>告诉编译器 sqrt 函数的格式要求,头文件 math.h 中包含了典型数学运算库函数的声明。

预期结果:

在初始化三角形 3 条边长为 3.0、4.0、5.0 的条件下可输出如下结果:

三角形的 3 条边长为 3.0,4.0,5.0
三角形的面积为 6.00

10.4 实验参考代码

实验一

```
#include <stdio.h>
int main(void)
{
```

```c
    int a = 2;                      //初始化变量 a
    char c = '2';                   //初始化变量 c

    printf("字符 c 的值是%c\n",c);
    printf("字符 c 的存储地址是 0x%x\n",&c);
    printf("字符 c 占用内存%d 个字节\n",sizeof(c));
    printf("整数 a 的值是%d\n",a);
    printf("整数 a 的存储地址是 0x%x\n",&a);
    printf("整数 a 占用内存%d 个字节\n",sizeof(a));

    return 0;
}
```

实验二

（1）整数的计算。

```c
#include <stdio.h>
int main(void)
{
    int a = 2,b = 3;
    int sum,diff,prod,quo,rem;

    sum = a + b;
    diff = a - b;
    prod = a * b;
    quo = a / b;
    rem = a % b;
    printf("%d + %d = %d\n",a,b,sum);
    printf("%d - %d = %d\n",a,b,diff);
    printf("%d * %d = %d\n",a,b,prod);
    printf("%d / %d = %d\n",a,b,quo);
    printf("%d %% %d = %d\n",a,b,rem);

    return 0;
}
```

（2）浮点数的计算。

```c
#include <stdio.h>
int main(void)
{
    float a = 2.5,b = 3.0;
    float sum,diff,prod,quo;

    sum = a + b;
    diff = a - b;
    prod = a * b;
    quo = a / b;
```

```
    printf("%.1f + %.1f = %.2f\n",a,b,sum);
    printf("%.1f - %.1f = %.2f\n",a,b,diff);
    printf("%.1f * %.1f = %.2f\n",a,b,prod);
    printf("%.1f / %.1f = %.2f\n",a,b,quo);

    return 0;
}
```

实验三(略)

实验四

(1) 华氏温度向摄氏温度的转换。

```
#include <stdio.h>
int main(void)
{
    float c,f;

    f = 86.0;
    printf("当前华氏温度%.1f度\n",f);
    c = 5.0/9.0*(f-32);
    printf("对应摄氏温度%.1f度\n",c);

    return 0;
}
```

(2) 摄氏温度向华氏温度的转换。

```
#include <stdio.h>
int main(void)
{
    float c,f;

    c = 25.5;
    printf("当前摄氏温度%.1f度\n",c);
    f = 9.0*c/5.0+32;
    printf("对应华氏温度%.1f度\n",f);

    return 0;
}
```

实验五

```
#include <stdio.h>
int main(void)
{
    float v0,a;
    int t;
```

```
    float v;
    float s;

    printf("请输入初始速度、加速度和经过的时间:\n");
    scanf("%f%f%d",&v0,&a,&t);

    v = v0+a*t;
    s = v0*t+0.5*a*t*t;

    printf("当初始速度为%f时\n",v0);
    printf("%.1fs时的速度为%f\n",t,v);
    printf("%.1fs时的位移为%f\n",t,s);

    return 0;
}
```

实验六

```
#include <stdio.h>
#include <math.h>
int main(void)
{
    float a,b,c;
    float s,area;

    a = 3.0; b = 4.0; c = 5.0;
    s = (a+b+c)/2;
    area = sqrt((s-a)*(s-b)*(s-c)*s);
    printf("三角形的三边长为:%.1f,%.1f,%.1f\n",a,b,c);
    printf("三角形的面积为%.2f\n",area);
    return 0;
}
```

10.5 典型错误辨析

1. 整除和浮点除的计算差别。

在实验四的程序中,如果定义华氏温度和摄氏温度为整型变量,程序写成如下形式:

```
#include <stdio.h>
int main(void)
{
    int c,f;
    f = 86;
    printf("当前华氏温度%d度\n",f);
    c = 5/9*(f-32);
    printf("对应摄氏温度%d度\n",c);
    return 0;
}
```

那么结果就会出错。这是因为在 c = 5/9 * (f-32) 的计算过程中,5 和 9 都是整数,"/"执行的是整除运算,5/9 的结果是 0,导致后续的乘法结果继续出错。

在写这条语句时,只有保证参与计算的有浮点数据,结果才能正确。因此以下几种写法都是正确的:

```
c = 5.0/9*(f-32);
c = 5/9.0*(f-32);
c = 5.0/9.0*(f-32);
```

但是由于 c 定义的是整型变量,浮点型结果赋值给整型结果会发生类型强制转换,丢弃小数位,产生一定的误差。

2. 运算符的结合律和优先级。

在实验四中,即使 c 和 f 都是浮点型数据,表达式 c = 5/9 * (f-32) 的结果也不对,但表达式 c = (f-32) * 5/9 却是对的,这是为什么呢?

之所以产生这个错误,是因为在表达式中,不同的运算符执行的顺序不同。C 语言中的运算符具有不同的优先级,同一个表达式中会先计算高优先级的运算符。同时运算符还具有不同的结合律,它们会按从左至右或者从右至左的顺序执行。这些都会导致不同书写方式的运算结果发生变化。

在形如 c = 5/9 * (f-32) 的表达式中,"( )"的优先级最高,"+""-""*""/"这些代数运算的优先级和数学上的规定一样,"*"和"/"的优先级高于"+"和"-"。由于四则运算的结合律是从左至右的,因此先计算 5/9。而 5 和 9 都是整数,此时执行的是整数除法,5/9 的结果为 0。虽然括号内的减法运算结果是浮点型数据,但 0 乘以任何数都等于 0,结果依然是错误的。

而在 c = (f-32) * 5/9 中,先计算得到括号内的减法结果,这是一个浮点型数据,这个数据和 5 相乘,得到的结果依然是浮点型数据,再进行"/"运算,由于有一个操作数是浮点型的,因此实现的是普通的浮点型除法,结果还是浮点数据。这样的计算过程可以得到正确的结果。

10.6 参考实验课题

1. 编写程序,给定半径的大小,计算圆的面积、球的体积和表面积。
提示:
(1) C 语言中没有平方、立方运算符,这里可以采用连乘的方法实现,即用 a * a 计算平方,a * a * a 计算立方。
(2) 英文中没有圆周率 π 符号,因此在程序中可以定义符号常量 pi 或别的名称来表示圆周率。
2. 有 3 个电阻 r1、r2、r3 并联,编写程序计算并输出并联后的电阻 r。
提示:
电阻值可以直接利用初始化方式赋值。3 个电阻 r1、r2 和 r3 并联后的等效电阻公

式为

$$r = \cfrac{1}{\cfrac{1}{r1} + \cfrac{1}{r2} + \cfrac{1}{r3}}$$

3. 已知三维空间中任意两个点的坐标(x1,y1,z1)和(x2,y2,z2),编写程序计算两点的距离。

提示:

点的坐标可以直接利用初始化方式赋值。

4. 已知某银行半年期存款年利率为 r1,一年期定期存款年利率为 r2,五年期定期存款年利率为 r3,活期存款年利率为 r4。现有一储户存款 10 000 元,编写程序计算固定采用一种存款方式时,5 年后储户的账户金额。

提示:

(1) 存款利率可以直接利用初始化方式赋值。

(2) 活期利息的计算方法:

按存入日的对应月对应日进行计算日期。其中,按每月 30 日,每年 360 日计算利息。

利息 = 活期本金×年利率×存款天数/360

(3) 定期利息的计算方法:

各种定期存款的到期日均以对年、对月、对日为准,自存入日至次年同月同日为一对年,存入日至下月同一日为一对月。每年按 360 日计算利息。

利息 = 定期本金×年利率×存期

如果定期到期未取,一般银行会自动将(本金+利息)转存为下一个周期的定期。

第11章

输入输出数据

11.1 实验题目

1. 编写程序,定义两个字符型数据,赋予不同的初始值,并分别用字符方式、整数方式显示。

2. 编写程序,用 scanf 函数输入数据,使得 a = 3、b = 7、x = 8.5、y = 71.82、c1 = 'A'、c2 = 'a',并显示这些结果。

3. 编写程序,从键盘输入圆的半径 r,求出圆的面积以及以 r 作为球的半径时,球的体积及表面积。

4. 编写程序,创建一个文本文件,写入整型、实型、字符型等类型数据后,读出写入的数据,显示到屏幕上。

5. 编写程序,创建一个二进制文件,写入整型、实型、字符型和字符串数据后,读出写入的数据,显示到屏幕上。

11.2 实验目的

1. 掌握 printf 函数和 scanf 函数的使用,熟悉常用格式控制符的使用。
2. 掌握文件定义和使用文件指针的方法。
3. 掌握文件打开和访问数据的方法,熟悉格式化读写文件函数的使用方法。

11.3 实验内容和要求

1. 编写程序,定义两个字符型数据,赋予不同的初始值,并分别用字符方式、整数方式显示。

要求:

(1) 可定义两个字符型变量 c1、c2,并初始化为 'a'、'b',用 printf 函数按不同的方式显示。

(2) 利用 97、98 分别初始化这两个变量,用 printf 函数按不同的方式显示,观察数据差异。

(3) 指定 c1 = 197,c2 = 198,用 printf 函数按不同的方式显示,观察数据差异。

(4) 将 c1、c2 类型改为整型后,依然赋值为 'a'、'b';97、98 或 197、198,用 printf 函数按不同的方式显示,观察数据差异,分析结果。

知识提示:

(1) 字符型数据在计算机内部按整型存储,存储的是它们的 ASCII 码值。

(2) 字符型数据可以按整型显示,显示的是计算机内部存储的 ASCII 码值。

(3) 可以直接利用整型数为字符型变量赋值,但实际有效的字符型数据为 −128 ~ 127。在赋值超过这个范围后,无法正确显示字符。

预期结果：

要求(1)的输出为

```
a  b
97 98
```

要求(2)的输出与(1)相同。

要求(3)的输出为

```
?   ?
-59 -58
```

要求(4)的输出为

当赋值为 a b 时,输出

```
a  b
97 98
```

当赋值为 97 98 时,输出

```
a  b
97 98
```

当赋值为 197 198 时,输出

```
?   ?
197 198
```

2. 编写程序,用 scanf 函数输入数据,使得 a = 3,b = 7,x = 8.5,y = 71.82,c1 = 'A',c2 = 'a',显示这些结果。

要求：

分别采用如下 8 种不同的输入方式,测试编写的程序。

```
(1) a=3,b=7,x=8.5,y=71.82,A,a
(2) a=3 b=7 x=8.5 y=71.82 A a
(3) a=3 b=7 8.5 71.82 A a
(4) a=3 b=7 8.5 71.82 Aa
(5) 3 7 8.5 71.82 Aa
(6) a=3 b=7
    8.5 71.82
    A
    a
(7) a=3 b=7
    8.5 71.82
    Aa
(8) a=3 b=7
    8.5 71.82Aa
```

知识提示:

(1) scanf 函数对输入数据的读取需要与格式控制符完全匹配,当读取到与格式控制符不匹配的数据时,就会停止读取数据。

(2) 用 scanf 函数读取数据的方式为变量赋值时,传入的参数需要是变量对应的存储地址,因此需要采用取地址值运算符"&"(例如, &a),或者采用记录该变量地址的指针作为 scanf 函数的参数。

(3) 由于表示数的数字之间不能被分隔,因此 scanf 函数只要判断读取了空格、回车、非小数点的符号或者字母,就判断该数读取完成。

(4) 空格、回车都有对应的 ASCII 码,它们都是字符,因此在 scanf 函数中采用"%c"的方式读取时可能会读取到空格、回车,在编程中需要注意。

3. 编写程序,从键盘输入圆的半径 r,求出圆的面积以及以 r 作为球的半径时,球的体积及表面积。

要求:

(1) 从键盘输入小数 r,要求输入的格式为: r= ***,输出的计算结果要求显示 2 位小数;

(2) 分别利用 float 型和 double 型变量记录半径和计算结果,实现程序。

知识提示:

(1) 利用 scanf 函数读取浮点型数据时,需要注意单精度 float 类型和双精度 double 类型的区别。

读取单精度 float 类型变量时,需要采用"%f"控制字符;

读取双精度 double 类型变量时,需要采用"%lf"控制字符。

(2) 利用 printf 函数显示浮点型数据时,使用不同的控制字符,显示结果会有不同。

例如,假设有"float a=3.2;",那么,分别使用

```
printf("%f",a);        // 默认浮点数显示 6 位小数
printf("%lf",a);       // 采用双精度浮点数方式也可以显示 float 类型变量
printf("%g",a);
printf("%e",a);        // 按照科学记数法方式显示小数
```

来显示 a 时,显示的结果分别是

```
3.200000
3.200000
3.2
3.200000e+000
```

从结果可以看到,当使用"%g"时,只显示有效的小数位,而不是像"%f"和"%lf"那样,按照标准的小数长度显示。当小数位数超过或等于 6 位时,使用"%g"只会显示 5 位小数。

(3) 若要手动控制显示的整型和浮点型数据长度,则可以利用长度格式控制字符串来控制显示的位数。

整型数据的输出格式可以利用"%md"控制符控制,其中 m 表示总的字符宽度。

浮点型数据的输出格式可以利用"%m. nf"控制符控制,其中 m 表示总的字符宽度,n 表示小数点后有效位数。

注意,在利用 scanf 读取浮点型数据时,不能指定小数位数。

(4) 程序中需要使用到圆周率常数,可以定义为符号常量,采用预编译指令#define 实现。

```
#define PI 3.14
```

注意,C 语言程序中不支持标识符中包含希腊字母,因此可以用英文 PI 表示圆周率。 建议符号常量用大写字母,以便与普通变量进行区分。

(5) 当圆(球)的半径是 r 时,圆的面积公式为

$$s = \pi r^2$$

球的表面积公式为

$$s = 4\pi r^2$$

球的体积公式为

$$v = \frac{4}{3}\pi r^3$$

预期结果:

提示:请输入半径 r:
输入:2.0
输出:圆的面积是 12.56
　　　球的表面积是 50.24
　　　球的体积是 33.49

4. 编写程序,创建一个文本文件,写入整型、实型、字符型等类型数据后,读出写入的 数据,显示到屏幕上。

要求:

(1) 从键盘分别输入整型数据 a、实型数据 b 和字符型数据 c;要求输入的格式为

```
a=***,b=***,c=***
```

(2) 文件名在程序中指定,需要保证文件路径存在且合法。

(3) 程序执行后,可以利用记事本打开生成的文件,查看内容。

知识提示:

(1) 文件一般指存储在外部介质(如磁盘磁带)上数据的集合。操作系统是以文件 为单位对数据进行管理的。根据数据的组织形式,数据文件可分为 ASCII 文件(文本文 件)、二进制文件。

(2) 访问文件需要使用文件名。例如"D:\CC\temp\file1. dat",就指明了文件在硬 盘上存储的位置,这是包含了绝对路径的文件名。还有一种使用相对路径的文件名,例 如"..\temp\file. dat",指明的是当前路径的父级目录下的 temp 目录中的 file. dat 文件。

（3）在缓冲文件系统中,关键的概念是"文件类型指针",简称"文件指针"。操作系统会为每个被使用的文件在内存中开辟相应的一块文件信息区,存放文件的有关信息（如文件的名字、文件状态及文件当前位置等）。这些信息是保存在一个结构体变量中的。该结构体类型是由系统声明的,取名为 FILE。利用文件指针可以访问这个文件信息区的信息。

（4）对文件进行操作时,需要按照以下 4 个步骤进行:

第一步,使用 FILE *,定义指向文件的指针(变量名)。

第二步,使用 fopen 函数打开文件,并指明打开方式。使用 fopen 函数时,需要输入正确的文件名。

第三步,对文件进行读/写,或定位等处理操作。

第四步,使用 fclose 函数关闭文件。

（5）打开文本文件和二进制文件的方式有区别,通过 fopen 函数中的第二个参数来选择打开的方式。"r"、"w"、"a"是文本文件的打开方式,"rb"、"wb"、"ab"是二进制文件的打开方式。

（6）文本文件需要使用 fscanf、fprintf 等函数进行读写操作。

预期结果:

第一组,

输入: a=123,b=4.5,c=n
输出: a1=123,b1=4.500000,c1=n

第二组,

输入: a=87,b=0.432,c=a
输出: a1=87,b1=0.432000,c1=a

第三组,

输入: a=99,b=324.5678,c=@
输出: a1=99,b1=324.567800,c1=@

利用记事本软件查看结果(以第二组输入为例)如图 11.1 所示。

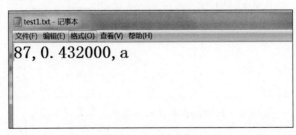

图 11.1 利用记事本查看文本文件写入的结果

5. 编写程序,创建一个二进制文件,写入整型、实型、字符型数据后,读出写入的数据,显示到屏幕上。

要求：

（1）从键盘分别输入整型数据 a、实型数据 b 和字符型数据 c；要求输入的格式为

a=***,b=***,c=***

（2）文件名在程序中指定，需要保证文件路径存在且合法。

（3）程序执行后，可以利用记事本软件打开生成的文件，查看内容，也可以利用 Sublime Text 软件打开。对比用两种软件观察到的内容有何区别。

Sublime Text 是一个文本编辑软件，不仅可以观察文本文件，还可以观察二进制文件。当在 Sublime Text 中打开二进制文件时，可以看到利用十六进制表示的数据。Sublime Text 软件可以在网上免费下载得到。

知识提示：

二进制文件需要使用 fread、fwrite 等函数进行读写操作。

预期结果：

第一组，

输入：a=23,b=6.7,c=m
输出：a1=23,b1=6.700000,c1=m

第二组，

输入：a=34,b=2.3,c=a
输出：a1=34,b1=2.300000,c1=a

第三组，

输入：a=2324,b=0.12334,c=*
输出：a1=2324,b1=0.123340,c1=*

利用记事本软件打开文件后，观察到的结果（以第二组输入为例）如图 11.2 所示。图中除了 a 是最后输入的字符外，输入的整数、浮点型数据均无法正常显示。

图 11.2 利用记事本查看二进制文件写入的结果

利用 Sublime Text 软件打开文件后，观察到的结果如图 11.3 所示，文件中看到的是十六进制记录的数据。由于输入的整数是 34，对应的十六进制数为 0x22。由于整型数占用 4 字节，因此文件中相应的记录数据为 2200 0000。

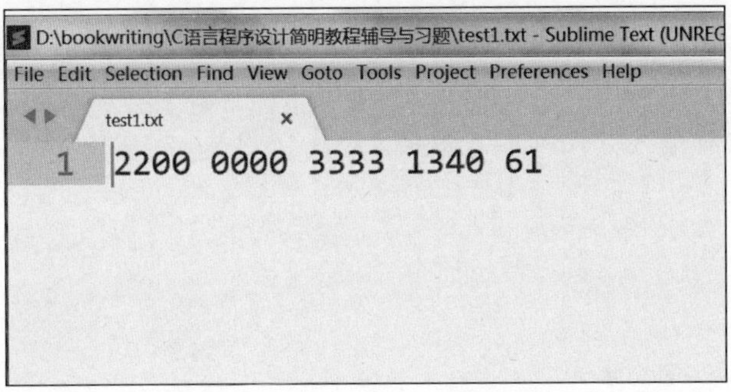

图 11.3　利用 Sublime Text 查看二进制文件写入的结果

11.4　实验参考代码

实验一

```
#include <stdio.h>
int main(void)
{
    char c1,c2;
    c1 = 'a';                    // 根据不同的要求,可以改为 97,197
    c2 = 'b';                    // 根据不同的要求,可以改为 98,198

    printf("%c %c\n",c1,c2);
    printf("%d %d\n",c1,c2);

    return 0;
}
```

实验二

(1) 满足第一种输入方式的参考程序。

```
#include <stdio.h>
int main(void)
{
    int a,b;
    float x,y;
    char c1,c2;

    scanf("a=%d,b=%d,",&a,&b);
    scanf("x=%f,y=%e,",&x,&y);
    scanf("%c,%c",&c1,&c2);
    printf("a=%d,b=%d\n",a,b);
    printf("x=%f,y=%e\n",x,y);
    printf("c1=%c,c2=%c\n",c1,c2);
```

```
    return 0;
}
```

（2）满足第二种输入方式的参考程序。

```
#include <stdio.h>
int main(void)
{
    int a,b;
    float x,y;
    char c1,c2;

    scanf("a=%d b=%d ",&a,&b);
    scanf("x=%f y=%e ",&x,&y);
    scanf("%c %c",&c1,&c2);
    printf("a=%d,b=%d\n",a,b);
    printf("x=%f,y=%e\n",x,y);
    printf("c1=%c,c2=%c\n",c1,c2);

    return 0;
}
```

实验三

```
#include <stdio.h>
#define PI 3.14
int main()
{
    float r,s,v,area;

    printf("请输入 r:\n");
    scanf("%f",&r);
    area=PI*r*r;
    s=4*PI*r*r;
    v=4.0/3*PI*r*r*r;
    printf("圆的面积是%.2f\n 球的表面积是%.2f\n 球的体积是%.2f\n",area,s,v);

    return 0;
}
```

实验四

```
#include <stdio.h>

//创建文件,写入信息,读出信息并显示
int main(void)
{
    FILE * fp;                     //定义文件指针
```

```
    int a,a1;                    //定义整型变量
    float b,b1;                  //定义实型变量
    char c,c1;                   //定义字符型变量

    //按照测试数据格式给变量 a,b,c 赋初值
    scanf("a=%d,b=%f,c=%c",&a,&b,&c);

    //用"w"方式打开"test1.txt"文件,将 a,b,c 的值写入文件,然后关闭文件
    fp = fopen("test1.txt","w");
    fprintf(fp,"%d,%f,%c\n",a,b,c);
    fclose(fp);

    //用"r"方式打开,读取文件数据并赋值给变量 a1,b1,c1
    //按照测试数据格式打印输出,然后关闭文件
    fp = fopen("test1.txt","r");
    fscanf(fp,"%d,%f,%c",&a1,&b1,&c1);
    printf("a1=%d,b1=%f,c1=%c\n",a1,b1,c1);
    fclose(fp);

    return 0;
}
```

实验五

```
#include <stdio.h>

//将各种数据写入新创建的二进制文件,并读出、显示
#include <stdlib.h>
int  main(void)
{
    FILE * fp;                   //定义文件指针
    int a,a1;                    //定义整型变量
    float b,b1;                  //定义实型变量
    char c,c1;                   //定义字符型变量

    //按照测试数据格式给变量 a,b,c 赋初值
    scanf("a=%d,b=%f,c=%c",&a,&b,&c);

    //用"wb"方式打开"test1.txt"文件,将 a,b,c 写入文件,然后关闭文件
    fp = fopen("test1.txt","wb");
    fwrite(&a,sizeof(int),1,fp);
    fwrite(&b,sizeof(float),1,fp);
    fwrite(&c,sizeof(char),1,fp);
    fclose(fp);

    //将文件中的数据读入变量 a1,b1,c1,并按照测试数据格式打印到屏幕上
    fp=fopen("test1.txt","rb");
    fread(&a1,sizeof(int),1,fp);
    fread(&b1,sizeof(float),1,fp);
```

```
fread(&c1,sizeof(char),1,fp);
printf("a1=%d,b1=%f,c1=%c\n",a1,b1,c1);
fclose(fp);

return 0;
}
```

11.5　典型错误辨析

1. 输入数据与 scanf 函数格式控制字符串不一致。

这种错误是典型的运行错误。例如,如果采用实验二中的第一段参考代码,但实际却是按照第二种方式输入数据,此时程序运行的结果如图 11.4 所示。

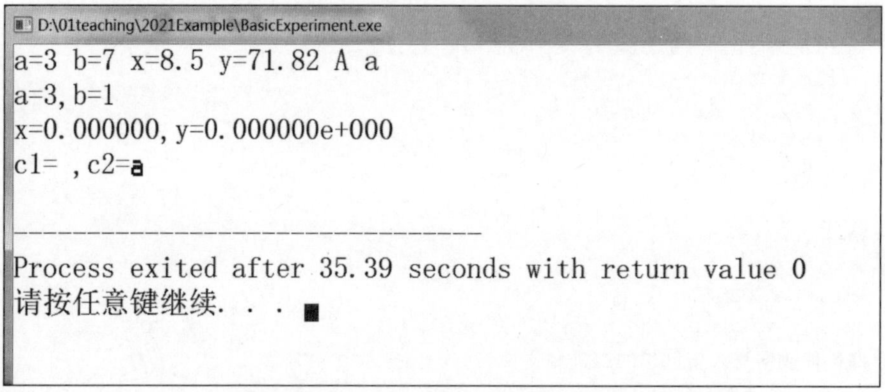

图 11.4　输入数据与 scanf 的格式控制不符时的运行结果

此时程序的编译是正常的,程序也能执行,但就是结果不对。当出现这种问题时,由于没有足够的提示信息,很多初学者会手足无措。其实,图 11.4 已经告诉我们一种比较好的检查方法了,就是在使用 scanf 函数为变量赋值之后,紧接着使用 printf 函数,将所有利用 scanf 函数赋值的数据输出到屏幕上,看变量是否都已正确赋值。如果有出错的变量,那么错误就出现在这个变量之前的输入上。

例如在图 11.4 中,a 输出的值是 3,与输入的值相同,读取正确;而 b 输出的值是 1,与输入的值 7 不同,说明 scanf 函数在执行到此处时已经出错。此时,仔细比对输入数据和程序中 scanf 的格式控制字符串,发现输入数据漏了一个“,”,正是这个符号的缺失,造成变量 b 读取错误。

2. 输出变量的类型与 printf 函数格式控制字符串不一致。

由于计算机内部整型数据存储格式与浮点型数据存储格式并不相同,因此如果 printf 函数的格式控制方式与对应变量的类型不一致,则会造成输出结果错误。这种错误并不影响变量的值,但呈现在屏幕的结果不对,也会引起很多严重的问题。

3. 文件操作完之后不关闭文件。

若对文件的读写完成之后不利用 fclose 函数关闭文件就退出程序,则有可能造成程序结果出错,文件无法正确保存写入的数据。编译系统也不会发现这种错误。

在 C 语言程序对文件进行操作时,需要首先利用 fopen 函数建立起文件缓冲区。文件操作函数如 fprintf、fwrite 等都是在对文件缓冲区进行操作。因此,虽然程序中完成了文件的读写,但这些数据并没有被保存到硬盘中。只有当调用 fclose 函数关闭文件缓冲区时,计算机才将操作的内容写入到硬盘中。

11.6　参考设计性课题

1. 编程输出如下图形。

```
|----------------------------------|
|                                  |
|----------------------------------|
|                                  |
|----------------------------------|
|                                  |
|_____|
```

2. 编程计算人们的身体质量指数(Body Mass Index,BMI)值。要求通过键盘输入身高和体重值。BMI 值的计算公式为

$$BMI = 体重(千克)/身高的平方(平方米)$$

3. 编写程序,实现三角形、长方形和正方形的面积计算。分别从键盘输入三角形的底和高、长方形的长和宽、正方形的边长。要求输出的小数保留 2 位小数。

4. 从键盘上输入学生的姓名、年龄、性别、成绩,将这些信息保存到文本文件中。之后在屏幕上显示出这些信息,并用记事本软件打开生成的文本文件,检查信息是否相同。

举例:请输入学生的姓名、年龄、性别、成绩:

```
李三 19 m 92
姓名 年龄 性别 成绩
李三    19    m    92
```

5. 合并文件。

有两个磁盘文件 A 和 B,各存放一行字母,要求把这两个文件中的信息合并(按字母顺序排列),输出到一个新文件 C 中。

第12章

选择和循环程序设计

12.1 实验题目

1. 编写程序,计算一个小于 1000 的正数的平方根。
2. 编写程序,对 3 个数据比大小,输出最大的数。
3. 编写程序,对 3 个数据比大小,按从小到大的顺序输出这 3 个数。
4. 给出一个百分制成绩,要求输出成绩等级 A、B、C、D、E。90 分以上为 A,80~89 为 B,70~79 为 C,60~69 为 D,60 分以下为 E。分别利用 if 语句和 switch 语句来编程实现。
5. 编写程序,统计一行字符中的英文字母、空格、数字和其他字符的个数。
6. 编写程序,计算并输出所有"水仙花数"。
7. 编写程序,利用牛顿迭代法求方程的根。
8. 编写程序,输入正整数并显示它们。

12.2 实验目的

1. 熟悉 C 语言表示逻辑量的方法,正确使用逻辑运算符和逻辑表达式。
2. 熟练掌握 if 语句的使用方法。
3. 熟练掌握 switch 语句的使用方法。
4. 学习掌握选择结构程序设计的思想和方法、调试程序的方法。
5. 熟练掌握用 while 语句、do…while 语句和 for 语句实现循环的方法。
6. 掌握在程序设计中用循环的方法实现一些常用的算法。
7. 掌握循环结构的嵌套。
8. 掌握 break 语句和 continue 语句的使用方法。

12.3 实验内容和要求

1. 编写程序,计算一个小于 1000 的正数的平方根。

要求:

（1）从键盘输入一个正数,计算并输出它的平方根。若平方根不是整数,则输出其整数部分。

（2）要求对输入数据进行检查,判断是否小于 1000。若大于 1000 的数,则不计算平方根,仅给出提示。

知识提示:

（1）注意数学函数库的包含。如果不包含 math.h,程序可能无法正确编译,或者在程序执行后,计算结果不正确。

（2）注意程序中输出数据的格式要求,需要对结果进行类型转换,同时输出的格式控制符也需要正确,否则会出错。

（3）需要对数据的范围进行检查，由于题目要求对输入值和1000进行比较，区分大于1000和小于1000的处理，因此可以采用if语句实现。

预期结果：

```
输入 100
输出 The square root = 10
输入 10000
输出 The input is larger than 1000
```

2. 编写程序，对3个数据比大小，输出最大的数。

要求：

数据由键盘输入，可以选择整型数据，也可以选择浮点型数据。

知识提示：

（1）数据比较的基础计算过程是两个数比大小，可以在此基础上实现在3个数据中找最值。

（2）可以用第四个数来记录最值，相当于抄录一份数据。利用这个数据与3个数去比较，应该满足最大（小）值的性质，即大于或等于（小于或等于）所有3个数。

（3）最值的记录在比较的过程中，可能会被改变，也可能不会被改变，因此可以用if语句来判断是否更新最值记录。

预期结果：

```
输入 3 5 6
输出 The maximum = 6
输入 4 10 2
输出 The maximum = 10
输入 -4 -10 -23
输出 The maximum = -4
```

3. 编写程序，对3个数据比大小，按从小到大的顺序输出这3个数。

要求：

数据由键盘输入，可以选择整型数据，也可以选择浮点型数据。

知识提示：

（1）3个数据的大小顺序有多种可能，在编程时需要考虑到所有的可能。可以按多分支的方式分别写出所有可能的条件。

例如，若3个变量为a、b、c，那么可能的大小关系有6种，分别是

$$a \geq b \geq c \quad a \geq c \geq b$$
$$b \geq a \geq c \quad b \geq c \geq a$$
$$c \geq a \geq b \quad c \geq b \geq a$$

要表达这样6种不同的关系，需要分成6个分支，每个分支对应的条件是：

$$(a>=b)\&\&(b>=c) \quad (a>=c)\&\&(c>=b)$$
$$(b>=a)\&\&(a>=c) \quad (b>=c)\&\&(c>=a)$$
$$(c>=a)\&\&(a>=b) \quad (c>=b)\&\&(b>=a)$$

在这 6 种不同的分支中,按照判定的大小关系,依次输出数据,就可以实现所要的功能。这种方法的思路虽然直观,但如果要比较的数进一步增多,分支会快速增加,代码将变得很长。因此不建议使用这种方法实现本题的任务。

(2) 将 3 个数按顺序输出,可以采用如下的方法:假设 3 个数为 a、b 和 c。分别找出最大值 max、最小值 min 和中间值 med,然后按最小值 min、中间值 med 和最大值 max 的顺序输出。这种方法不需要改变 a、b 和 c 的值,而是利用 3 个新的变量 min、max 和 med 来记录查找结果。这里需要多次使用 if 语句。查找最值的实现方法可以参考本节实验二的解决方案。找出中间值的实现依然可以通过比较的过程来实现,即依次判断 a、b 和 c 是否是 max 或是 min。当都不成立时,即可以判定该数是 med。流程如图 12.1 所示。

(3) 将 3 个数按顺序输出,也可以采用如下的方法:通过比较和交换 a、b 和 c,使得 a<b<c 顺序排列。这时需要改变 a、b 和 c 原来的值。在数据交换的过程中,需要使用一个缓存变量来临时保存待交换的数据。流程如图 12.2 所示。

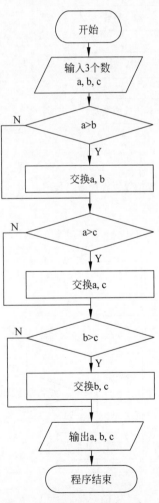

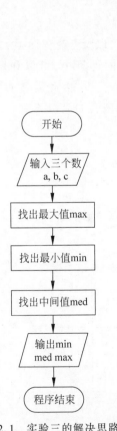

图 12.1 实验三的解决思路一   图 12.2 实验三的解决思路二

（4）在编写完多分支选择结构的程序后,需要分别输入不同情况的数据进行检验。

预期结果:

输入 3 5 6
输出 3 个数依序是:3 5 6
输入 4 10 2
输出 3 个数依序是:2 4 10
输入 -4 -10 -23
输出 3 个数依序是:-23 -10 -4

4. 给出一个百分制成绩,要求输出成绩等级 A、B、C、D、E。90 分以上为 A,80~89 为 B,70~79 为 C,60~69 为 D,60 分以下为 E。分别利用 if 语句和 switch 语句来编程实现。

图 12.3　成绩等级转换的流程图

要求:

（1）要求输入一个 0~100 的成绩(整数)。

（2）输出对应的成绩等级。

（3）如果输入成绩时不小心输错了,例如输成了 -10 或者 104,这时该如何修改程序代码,使得运行程序时能判断出数据输入有误?

知识提示:

（1）不论程序功能多复杂,基本的执行框架都是输入、计算和输出,因此可以参考流程图 12.3。

（2）在等级转换的计算中,可以利用 if 语句来实现。由于存在多个分数范围,因此需要采用 if 嵌套的结构。图 12.4 给出了 if 嵌套的流程图。

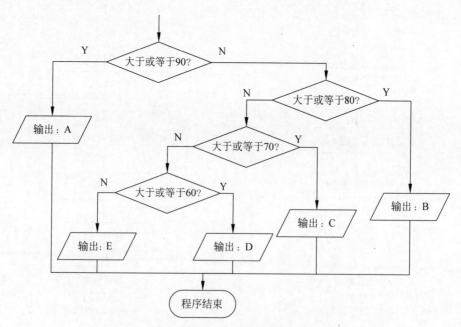

图 12.4　采用 if 语句实现成绩等级转换的核心过程

（3）多分支结构可以用 switch 语句来实现。图 12.5 给出了用 switch 语句实现多分支的思路。由于对每一个分数实现一个分支非常烦琐,因此可以利用不同的十位数作分支。利用整除 n/10 运算可以提取 n 的十位数。

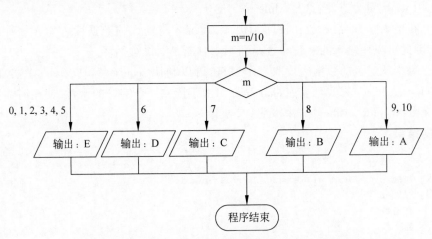

图 12.5 采用 switch 语句实现成绩等级转换的核心过程

（4）如果输入的成绩不在 0～100 范围内,则需要利用分支语句对成绩进行判断。这个判断可以先于判断成绩等级执行。

预期结果：

输入 100
输出 The grade is A.
输入 87
输出 The grade is B.
输入 78
输出 The grade is C.
输入 63
输出 The grade is D.
输入 40
输出 The grade is E.
输入 -10
输出 成绩输入错误
输入 105
输出 成绩输入错误

5. 编写程序,统计一行字符中的英文字母、空格、数字和其他字符的个数。

要求：

（1）从键盘键入一行字符。

（2）在基本功能完成后,修改程序,分别统计英文大小写字母、空格、数字和其他字符的个数。

知识提示：

（1）统计一批数据中的不同类别的个数,就要分别记录不同类别的数据。对这批数据一个个数过去,然后每次在各自类别的数量上增1。我们通常使用的画"正"字就是这样的方法。因此,需要使用多个变量来记录不同类别字符的个数。

(2)计数可以使用循环来实现。由于数据长度未知,要数多少次无法在程序中设定,因此用 while 更为方便,这是 while 语句的优势。

(3)在键入字符时,一般在按回车键后,系统才将输入的数据读入输入缓冲区供程序处理,因此可以用键入的字符是否是回车来判断是否继续循环。

(4)每次从键入的数据中读取一个字符,可以利用 scanf("%c",&ch)来实现,也可以利用 ch=getchar( )来实现。getchar 是专门用于读取一个字符的函数,使用时需要通过预处理命令#include <stdio. h> 来声明。

预期结果:

提示信息:请输入一行字符
输入:I am a student in Team 4, 19 years old.
输出:字母数 25
    空格数 9
    数字数 3
    其他字符数 2

6. 编写程序,计算并输出所有"水仙花数"。

要求:

(1)水仙花数是一个 3 位数,满足如下性质,各位上的数字的立方和等于原数。例如,153 的各位数字为 1、5、3,它们的立方和是 1+125+27=153,与原数相等,所以 153 是水仙花数。

(2)本例没有输入,但要求输出所有的水仙花数,不能遗漏。

知识提示:

(1)如果能将一个 3 位数按位分解成 3 个数字,然后分别计算立方、求和,就能很容易地实现对水仙花数的判断了。整数按位分解,可以利用"%10"和"/10"的组合计算来实现。立方直接用连乘来实现。

(2)由于 3 位数的个数一定,起始和结束的数值也知道(分别是 100 和 999),因此可以利用 for 循环来实现。这是 for 循环擅长处理的循环。

预期结果:

输出:水仙花数 153   370   371   407

7. 编写程序,利用牛顿迭代法求方程的根。

要求:

(1)计算一个一元多次方程 f(x)=0 的根,其中 f(x)是一个多项式。多项式的系数可在程序中直接初始化。

(2)牛顿迭代法是从一个初始值 x_0 出发,不断迭代计算逼近最优值的方法。每次迭代时,计算多项式 f(x)和其一阶导数 f'(x)在 x_0 处的值,并利用迭代公式更新 x_0,使得多项式 f(x)的值逼近 0,当达到一定误差范围内以后,可以认为 x_0 就是该一元多次方程

$f(x) = 0$ 的根。

牛顿迭代法的迭代公式如下：

$$x_0 \leftarrow x_0 - f(x_0)/f'(x_0)$$

其中 $f(x_0)$ 和 $f'(x_0)$ 分别是当 $x = x_0$ 时,$f(x)$ 及其一阶导数的值。

(3) 要求从键盘输入一个初始值 x_0,计算结果保留 2 位小数。

知识提示:

(1) 浮点数一般不直接判定与 0 是否相等,因为浮点数的精度是有限的。在很多计算过程中,浮点数据不可能等于 0,而是一个非常小的数值。这时,可以在精度允许的范围内,判定浮点数小于一个非常小的正数,来确定该浮点数近似等于 0。在表示非常小的数值时,建议采用指数表示方法,例如 1e-7 表示 10^{-7}。

(2) 本例建议采用 do…while 语句来实现。

预期结果:

测试用例,例如针对方程 $2x^3 - 4x^2 + 3x - 6 = 0$ 进行测试。

```
输入:1.5
输出:方程的根为 2.00
```

8. 编写程序,输入正整数并显示它们。

要求:

(1) 读入 6 个正整数并显示它们。

(2) 当读入的数据为负数时,则不显示该数。

(3) 修改程序,使得读入的数据为负数时,程序立即终止。

知识提示:

(1) 输入数据后进行判断,如果是正整数则显示在屏幕上,否则不显示,继续读入数据。

(2) continue 语句的作用是跳过循环体内其后的语句,提前结束本轮循环,使得流程进入下一轮循环。因此输入数据为负数时,可利用 continue 语句跳过后面的输出语句,然后继续读入数据。

(3) break 语句的作用是提前终止循环,使得流程跳出本层循环。因此如果输入数据为负数时,可利用 break 语句结束循环,终止程序。

预期结果:

```
提示信息:请输入 n 的值
输入:23
输出:n=23
提示信息:请输入 n 的值
输入:15
输出:n=15
提示信息:请输入 n 的值
输入:7
输出:n=7
```

提示信息：请输入 n 的值
输入：3
输出：n＝3
提示信息：请输入 n 的值
输入：-8
输出：
提示信息：请输入 n 的值
输入：57
输出：n＝57
提示信息：请输入 n 的值
输入：1
输出：n＝1
输出：程序结束！

修改程序后的结果：

提示信息：请输入 n 的值
输入：23
输出：n＝23
提示信息：请输入 n 的值
输入：15
输出：n＝15
提示信息：请输入 n 的值
输入：7
输出：n＝7
提示信息：请输入 n 的值
输入：3
输出：n＝3
提示信息：请输入 n 的值
输入：-8
输出：程序结束！

12.4 实验参考代码

实验一

```c
#include <stdio.h>
#include <math.h>
int main(void)
{
    float x,y;
    int d;

    printf("x=");
    scanf("%f",&x);
    if(x>1000)
    {
        printf("The input is larger than 1000.\n");
```

```
    }
    else
    {
        y = sqrt(x);
        d = (int)y;
        printf("The square root = %d\n",d);
    }

    return 0;
}
```

实验二

```
#include <stdio.h>
int main(void)                          // 主函数开始
{
    int a,b,c,max;                      // 定义 a、b、c 为整型变量

    printf ("input a,b,c:\n") ;         // 提示输入数据
    scanf("%d %d %d", &a, &b, &c) ;     // 输入数据
    max = a;                            // 对变量 max 赋值 a
    if (max < b) max=b ;                // 判断 max,b 较大者,并赋值 max
    if (max < c) max=c ;                // 判断 max,c 较大者,并赋值 max
    printf("The maximum is %d\n",max);  // 输出结果

    return 0;                           // 使函数返回值为 0
}                                       // 函数结束
```

实验三

(1) 解决思路一。

```
#include <stdio.h>
int main(void)                          // 主函数开始
{
    int a,b,c;                          // 定义 a、b、c 为整型变量
    int max,min,med;                    // 定义最大值、最小值、中间值的变量

    printf ("输入 a,b,c:\n") ;          // 提示输入数据
    scanf("%d %d %d",&a,&b,&c) ;        // 输入数据
    max = a;min = a;med = a;            // 对变量 max,min 和 med 赋值 a
    if (max < b) max = b ;              // 判断 max,b 较大者,并赋值 max
    if (max < c) max = c ;              // 判断 max,c 较大者,并赋值 max
    if (min > b) min = b;               // 判断 min,b 较大者,并赋值 min
    if (min > c) min = c;               // 判断 min,c 较小者,并赋值 min
    if ((b!=max)&&(b!=min)) med = b;    // 比较 b 和 max,min,并赋值 med
    if ((c!=max)&&(c!=min)) med = c;    // 比较 c 和 max,min,并赋值 med
    printf("三个数依序是:%d %d %d\n",min,med,max);    // 输出结果
```

```
        return 0;                          // 使函数返回值为 0
    }                                      // 函数结束
```

（2）解决思路二。

```
#include <stdio.h>
int main(void)                            // 主函数开始
{
    int a,b,c;                            // 定义 a、b、c 为整型变量
    int temp;                             // 定义临时变量,用于交换

    printf ("输入 a,b,c:\n") ;             // 提示输入数据
    scanf("%d %d %d",&a,&b,&c) ;           // 输入数据
    if (a>b)                              // 比较 a 和 b,对 a、b 排序
    {
        temp = a; a = b; b = temp;
    }
    if (a>c)                              // 比较 a 和 c,对 a、c 排序
    {
        temp = a; a = c; c = temp;
    }
    if (b>c)                              // 比较 b 和 c,对 b、c 排序
    {
        temp = b; b = c; c = temp;
    }
    printf("三个数依序是:%d %d %d \n",a,b,c); // 输出结果

    return 0;                            // 使函数返回值为 0
}                                        // 函数结束
```

实验四

（1）采用 if 语句实现的参考程序。

```
#include <stdio.h>
int main(void)
{
    int score;
    char grade;

    printf("The score=");
    scanf("%d",&score);
    if ((score>100)||(score<0))
        printf("成绩输入错误\n");
    else
    {
        if(score>=90)  grade = 'A' ;
        else if(score>=80&&score<90) grade = 'B';
        else if(score>=70&&score<80) grade = 'C';
```

```
        else if(score>=60&&score<70) grade = 'D';
        else if(score<60) grade = 'E';
        printf("\nThe grade is %c.\n",grade);
    }

    return 0;
}
```

（2）采用 switch 语句实现的参考程序。

```
#include <stdio.h>
int main(void)
{
    int score;
    int grade;
    char option;

    printf("The score =");
    scanf("%d",&score);
    if ((score>100)||(score<0))
        printf("成绩输入错误\n");
    else
    {
        grade = (int)score/10;
        switch(grade)
        {
            case 10,9:  option = 'A'; break;
            case 8:     option = 'B'; break;
            case 7:     option = 'C'; break;
            case 6:     option = 'D'; break;
            default:    option = 'E';
        }
        printf("\nThe grade is %c.\n",option);
    }

    return 0;
}
```

实验五

（1）基本功能。

```
#include <stdio.h>
int main(void)
{
    char c;
    int letters = 0, space = 0, digit = 0, other = 0;
    printf("请输入一行字符:\n");
```

```
    while((c=getchar())!='\n')
    {
        if((c>='a'&&c<='z')||(c>='A'&&c<='Z')) letters++;
        else if(c==' ') space++;
        else if(c>='0' && c<='9') digit++;
        else other++;
    }
    printf("字母数:d%\n  空格数:d%\n 数字数:d%\n 其他字符数:d%\n",letters,
space.digit,other);

    return 0;
}
```

（2）改进的功能。

```
int normal,capital;            //normal,capital 分别是小写、大写字母统计值
int space,digit,other;

normal = 0; capital = 0; space = 0; digit = 0; other = 0;
if(c>='a'&&c<='z')             //单独判断小写字母
    normal++;
else if (c>='A'&&c<='Z')       //单独判断大写字母
    capital++;
else if(c==' ')
    space++;
else  if(c>='0' && c<='9')
    digit++;
else
    other++;
```

实验六

（1）一重循环的实现方法。

```
#include <stdio.h>
int main(void)
{
    int i,j,k,n;
    printf("水仙花数:\n");

    for(n=100;n<1000;n++)
    {
        i = n/100;
        j = n/10-i*10;
        k = n%10;
        if(n==i*i*i+j*j*j+k*k*k)
            printf("%d",n);
    }
    printf("\n");
```

```
    return 0;
}
```

(2) 多重循环的实现方法。

```
#include <stdio.h>
int main(void)
{
    int i,j,k,n;                 // 3 位数,定义 3 个变量
    printf("水仙花数:\n");

    for(i=1;i<10;i++)            // i 是百位数,从 1 开始
    {
        for(j=0;j<10;j++)
        {
            for(k=0;i<10;k++)
            {
                n = i*100+10*j+k;
                if(n==i*i*i+j*j*j+k*k*k)
                    printf("%d",n);
            }
        }
    }
    printf("\n");

    return 0;
}
```

实验七

```
#include <stdio.h>
#include <math.h>
int main(void)
{
    double x1,x0,f,f1;

    x1 = 1.5;                    // scanf("%f",&x1);
    do
    {
        x0 = x1;
        f = ((2*x0-4)*x0+3)*x0-6;
        f1 = (6*x0-8)*x0+3;
        x1 = x0-f/f1;
    }while(fabs(x1-x0)>1e-5);
    printf("方程的根是%5.2f\n",x1);

    return 0;
}
```

实验八

（1）使用 continue 语句的参考程序。

```c
#include <stdio.h>
int main(void)
{
    int i,n;
    i=0;
    while(i<6)
    for(i=0;i<6;i++)
    {
        printf("请输入 n 的值:\n");
        scanf("%d",&n);
        if(n<0)    continue;
        printf("n=%d:\n",n);
        i++;
    }
    printf("程序结束!\n");
    return 0;
}
```

（2）使用 break 语句的参考程序。

```c
#include <stdio.h>
int main(void)
{
    int i,n;
    i=0;
    while(i<6)
    {
        printf("请输入 n 的值:\n");
        scanf("%d",&n);
        if(n<0)    break;
        printf("n=%d:\n",n);
        i++;
    }
    printf("程序结束!\n");
    return 0;
}
```

12.5 典型错误辨析

1. 在 if 语句中没有正确地使用复合语句。

C语言的语法规定,if 语句中只能包含一个语句。如果 if 分支中需要完成多条语句,则需要使用复合语句。但有的初学者会遗忘这条要求,造成程序编写错误。

例如,下面的代码就出错了,原本希望程序在计算得到 t 值后,根据 t 值确定 m 和 n 的关系,后面两个 if 的分支都应该被包含在第一个 if 中,但由于没有组合成复合语句,程序出错。在 n 等于 0 时,不执行对 t 的赋值。t 又没有被初始化,因此会造成后续判断出现错误。

```c
// 在保证除数不为零的情况下,计算 m/n,并判断 m 和 n 的关系
float m,n,t;
if (n!=0) t = m/n;
if (t==1)
        printf("m 和 n 相等");
    if (t==-1)
        printf("m 和 n 互为相反数");
```

建议修改方法:在写完 if(表达式){}后,先写"{}",然后在"{"和"}"之间书写语句。这样就可以避免漏写"{"和"}"的情况了。

很多编译环境带了自动补全"{"和"}"的功能,为编程人员提供了方便。

2. 未对 else 子句正确配对。

在较为复杂的分支程序中,经常会遇到 if 嵌套的情况。这时,在书写程序时很容易出现 else 子句无法正确配对的错误。

例如,下面的代码就出错了,本来希望 else 子句和第一个 if 配对,但实际上却与第二个 if 配对了。即使编程时利用缩进排版使得程序看上去非常整齐,从缩进位置能体会到匹配关系,但是 C 语言的语法不关心缩进,编译器依然判断 else 与 if(t<0)配对。这样就造成了 t>0 时输出"除数等于 0"的提示。

```c
// 计算 m/n 的绝对值,保证计算结果是非负数
float m,n,t;
if (n!=0)
    t = m/n;
    if (t<0)
        t = -t;
else
    printf("除数等于 0");
```

建议修改方法:写完 if(表达式){}后,先写"else {};",保证 if 和 else 配对正确。如果不存在 else 分支的处理,再删除。这样就可以避免漏写、错写,造成配对错误的情况。

3. 将等于运算符"=="误写成赋值运算符"="。

C 语言中,"=="是等于关系运算符,用于判断参与运算的操作数是否相等,运算结果为 1(相等)或 0(不等),而"="是赋值运算符,其结果等于赋值运算符右侧表达式的结果,并且左侧变量的值会被更改。两者实现的功能差异很大。但在数学表达式上,只用一个等号来表达相等的事实,因此初学者在用 C 语言编程时,会无意识地用一个等号"="表示相等的判断。

例如,下面的代码就出错了,造成 if 的条件永远满足,输出显示 i 的个位数是 1。

```
int i, j;
j = i % 10;
if (j=1)
    printf("i 的个位数是 1.\n");
else
    printf("i 的个位数不是 1.\n");
```

建议解决方法 1：在等于关系表达式所在的行，写上注释，强调这是比较。在写完程序后，再次检查一下所有有注释的语句，看有没有误写的情况。

建议解决方法 2：观察等于关系表达式执行前后的变量有没有发生变化。赋值运算执行后，左侧的变量会被修改，而关系运算执行后不会修改参与运算的变量值。

建议解决方法 3：对于"变量＝＝常量"这样的关系表达式，写成"常量＝＝变量"。虽然这种写法不符合自然习惯，但由于常量不能被赋值，因此如果相等运算符误写成了赋值运算符，编译器在编译时会发现这个错误。

4．switch 语句中的表达式和常量表示出错。

switch 语句的表达方法和 if 语句的表达方法有所不同，学习者经常会弄错。

一般来说，switch 语句中的表达式就是一个整型表达式，它的值有多种可能。而 if 语句中的表达式可以是任意一个合法的表达式，它的值就是零或非零。

例如，在下面判断星期几的一个多分支程序中，switch 表达式的写法就出错了。

```
int d;
printf("请输入今天是周几(1 表示星期一,2 表示星期二,0 表示星期日)\n");
scanf("%d",&d);
switch (d%7==1)
{
    case 1: printf("星期一");break;
    case 2: printf("星期二");break;
...
    default: printf("星期日");
}
```

这里 d%7＝＝1 中的关系判断多余，因为判断之后的结果只有 1 和 0 两种情况，不满足多分支的计算初衷。

5．while 或 for 后没有正确地使用复合语句。

C 语言语法规定，循环体语句中只能是"一个"语句。如果一次循环需要完成多条操作，需要使用大括号将这多条语句括起来构成复合语句。有的初学者会遗忘这条要求，造成程序错误。

例如，下面的代码就出错了，原本希望程序求前 n 个自然数的和，但实际上求的是 n 个 1 的和。

```
// 求前 n 个自然数的和
int i = 1, sum = 0;
scanf("%d", &n);
while(i<=n)
```

```
        sum = sum+i;
        i++;
    printf("sum=%d\n",sum);
```

建议修改方法：在写完 while(表达式)或 for(表达式)后，先写"{ }"，然后在"{"和"}"之间书写循环体语句。这样就可以避免漏写"{"或"}"的情况了。

很多编译环境带了自动补全"{"和"}"的功能，为编程人员提供了方便。

6. 在 while(表达式)或 for(表达式)的括号后紧跟了一个分号。

这是初学者常犯的一个语法错误，但编译器不会检查出这个错误。

C 语言的语法规定，循环体语句中只能是"一个"语句。如果在 while(表达式)或 for(表达式)后紧跟了一个分号(;)，那么这个分号构成的空语句就成为了循环体，不执行任何操作或引起死循环。而真正的循环体则独立于循环之外，从而失去了循环的意义。

很多初学者写语句加分号成为了一种习惯，这时会无意识地在 while(表达式)或 for(表达式)后直接添加一个分号，从而造成程序错误。例如，下面的代码就出错了，原本希望程序求前 n 个自然数的和，结果程序陷入了"死循环"。

```
// 求前 n 个自然数的和
int i = 1, sum = 0;
scanf("%d", &n);
while(i<=n);
{
    sum = sum+i;
    i++;
}
printf("sum=%d\n",sum);
```

建议修改方法：在写完 while(表达式)或 for(表达式)后，先写"{ }"，然后在"{"和"}"之间书写循环体语句，这样就可以避免多添加分号。还可以通过调试的方法，观察循环控制变量 i 的值的变化，通过观察发现 i 的值没变化，进而稍加分析就会发现原因在于 while(表达式)后多了一个分号。

再如，下面的代码也出错了，原本希望程序求前 n 个自然数的和，结果为 0。

```
// 求前 n 个自然数的和
int i, sum = 0;
scanf("%d", &n);
for(i=1;i<=n;i++);
{
    sum = sum+i;
}
printf("sum=%d\n",sum);
```

建议修改方法：通过调试，观察累计和变量 sum 的值的变化，发现 sum 的值没变化，原因在于循环体没执行，进而很容易就会发现在 for(表达式)后多了一个分号。

7. 在循环之前忘记给计数器变量初始化，导致运行结果错误。

如果变量在定义时未初始化，那么此时变量中存放的值是不可预料的，因为这个变量所占的内存空间在分配给变量前的一刻存放的什么数值我们是不知道的。有些系统会默认为这些变量赋值 0XCCCC。这样在执行循环时,计数器变量的值是错误的。这个错误也是初学者经常会犯的,只要注意就可避免。

例如,下面的代码也出错了,原本希望程序求前 n 个自然数的和,但运行结果是错误的。

```
// 求前 n 个自然数的和
int i = 1, sum;
scanf("%d", &n);
while(i<=n)
{
    sum = sum+i;
    i++;
}
printf("sum=%d\n",sum);
```

建议修改方法:定义变量 sum 时直接初始化,或者在使用变量前进行初始化。

8. 循环体中缺少使循环趋于结束的语句,使得程序陷入死循环。

循环四要素为:一是初始化的表达式,用来初始化变量;二是条件表达式,用来设置循环执行的条件;三是循环体,实现需要循环计算的功能;四是条件更新表达式,用来更新循环控制变量的值使循环趋于结束。循环缺少第四个要素则会陷于"死循环"。有的初学者会忘记设置条件更新表达式,即缺少使得循环趋于结束的语句。

例如,下面的代码就出错了,原本希望程序求前 20 个自然数的和,而结果程序陷入"死循环",需要强制终止。

```
// 求前 n 个自然数的和
int i = 1, sum = 0;
while(i<=20)
{
    sum = sum+i;
}
printf("sum=%d\n",sum);
```

建议修改方法:写循环时一般不会忘记循环的主要目的,但仍应培养在写完循环语句后检查循环的四要素是否齐全的习惯。尤其是使循环趋于结束的语句,是否忘记。

9. do…while 语句的 while(表达式)的括号后忘记分号,导致编译错误。

while(表达式)或 for(表达式)后一般不能紧跟分号,除非有特殊需要。有的初学者可能会受此影响,在 do…while 语句的 while(表达式)后也不加分号,这不符合 C 语言的语法要求,从而导致编译错误。

例如,下面的代码由于缺少了分号来结束 do…while 语句,导致程序编译错误。

```
// 求前 n 个自然数的和
int i = 1, sum = 0;
do
```

```
{
    sum = sum+i;
    i++;
}while(i<=20)
```

建议修改方法：在 do…while(表达式)的最后添加分号，或者通过编译时的错误提示添加分号。

10. for 后括号内的表达式用逗号隔开，导致编译错误。

C 语言规定，在 for 循环中，紧随 for 后括号内的表达式 1、表达式 2、表达式 3 之间用分号隔开，因为它们是 3 个语句，执行顺序也不一样。有的初学者会用逗号隔开 3 个表达式，从而导致编译错误，即语法不过关。

例如下面的代码原本希望程序求前 20 个自然数的和，而由于使用了逗号进行表达式的分隔，导致程序编译错误。

```
// 求前 n 个自然数的和
int i, sum = 0;
for(i=1,i<=20,i++)
{
    sum = sum+i;
}
```

建议修改方法：在 for( )的括号内先添加两个分号，写成这种形式"(;;)"，再分别添加 3 个表达式，或者通过编译时的错误提示添加分号。

11. 循环的边界条件出错。

很多人在编写循环语句时，会将循环边界设错。例如，利用 for 语句计算 1~100 的累加和，可能会出现如下的语句：

```
for(i=0;i<100;i++)
{
    sum = sum+i;
}
```

此时 i<100，说明当 i 的值为 100 时，不再进行循环的工作。虽然 i 从 0 开始递增到 99，一共有 100 个数，但对于程序要求的累加 1~100 的计算来说，这种实现却错了，没有将 100 加到累加和中。这个程序正确的书写应该是"for(i=1；i<=100；i++) sum=sum+i；"。

一般而言，如果已知需要循环 n 次，可以采用如下两种 for 语句写法：

（1）for(i=0；i<n；i++)语句

（2）for(i=1；i<=n；i++)语句

第（1）种写法 i 从 0 变到 n-1，第（2）种写法中 i 从 1 变到 n。单纯从循环次数来说，这两种写法都对，但是，还要结合循环体中控制变量的使用方法来共同确定，不能生搬硬套。

建议修改方法：在写完循环语句后，对控制变量的初值、循环结束时的边界条件进行复核，检查是否遗漏或多计算了取值条件。

12. 在 for 语句的循环体内修改了控制变量。

注意,一般情况下,不要在 for 循环体里面改变控制变量。例如,

```
for(i=1;i<=100;i++)
{
    ...
    i++;
    ...
}
```

在上面的语句中,for 后的括号内 i++的作用就是改变 i 的值,确保 i 从 1 递增到 100,循环 100 次,而在循环体内的 i++将导致在每次循环中 i 再一次增 1,这相当于改变了 i 的变化步长,会造成循环过程中,每次进行条件判断时,i 的值从 1 开始每次增 2,后面依次是 3、5……在语法上是没有问题的,但结果可能有问题。

建议修改方法:在 for( )后的语句中,控制变量一般只用于数据访问或者参与一般的运算,值本身不改变。检查控制变量参加的运算,确认该变量没有被修改。

12.6　参考实验课题

1. 编写程序实现如下函数的计算,输入 x 值,输出相应的 y 值。用 scanf 函数输入 x 值。

$$y=\begin{cases}x, & x<1 \\ 2x-1, & 1\leqslant x<10 \\ 3x-11, & x\geqslant 10\end{cases}$$

2. 编写程序,实现一个小计算器。要求输入一个包含两个数据和一个运算符的计算式,程序可以判断参与计算的数据和运算符类型,并计算出结果显示在屏幕上。例如,

输入为:输入的计算式为 3*4
输出为:计算结果为 12。

3. 编写程序,分别输入两个整数 a 和 b,判断 a 是否是 b 的倍数。
注意,要特别处理 b 是 0 的情况。

4. 已知某月的 1 号是星期二,请编程计算当月任意一天是星期几,输出计算结果。例如,

输入数值为 5
输出为:5 号是星期六
输入数值为 13
输出为:13 号是星期天

5. 编写程序,实现一个小计算器。要求提供如下的菜单界面,以及交互过程。
菜单:
欢迎使用计算器,请根据提示信息选择按键:
A(a) 加法运算;

S(s) 减法运算;

M(m) 乘法运算;

D(d) 除法运算;

E(e) 退出

当按下 a、s、m、d 按键后,会相应出现如下提示信息:

请输入参与运算的两个数(用空格分隔):

再输入数值后,显示计算结果,退出程序;

例如,当按下 a 后,再次输入 3 4,最后显示加法结果为 7;

当按下 e 按键后,退出程序。

6. 编写程序统计数字的性质。从键盘任意键入若干数字,输入 0 时结束。统计所有正数的个数、均值,所有负数的个数、均值。

7. 编写程序计算自然常数 e 的值,计算到级数的最后一项小于 10^{-6} 结束。

$$e = 1 + \frac{1}{1!} + \frac{1}{2!} + \frac{1}{3!} + \frac{1}{4!} + \cdots$$

8. 编写程序计算鸡兔同笼问题:一个笼子里有 98 个头,386 只脚,请编程计算鸡、兔各有多少只。

9. 编写程序按以下形式输出"九九乘法表"。

```
1×1=1
2×1=2   2×2=4
3×1=3   3×2=6   3×3=9
4×1=4   4×2=8   4×3=12   4×4=16
5×1=5   5×2=10  5×3=15   5×4=20   5×5=25
6×1=6   6×2=12  6×3=18   6×4=24   6×5=30   6×6=36
7×1=7   7×2=14  7×3=21   7×4=28   7×5=35   7×6=42   7×7=49
8×1=8   8×2=16  8×3=24   8×4=32   8×5=40   8×6=48   8×7=56   8×8=64
9×1=9   9×2=18  9×3=27   9×4=36   9×5=45   9×6=54   9×7=63   9×8=72   9×9=81
```

10. 编写程序,在屏幕上输出国际象棋棋盘。

国际象棋棋盘由 8×8 个方格组成,黑白交替。编程在屏幕上输出国际象棋棋盘。

黑方格可以利用 ASCII 码为 219 的字符表示。

11. 解密谜题。

两支乒乓球队进行比赛,各出 3 人。甲队为 a、b、c 三人,乙队为 x、y、z 三人。已抽签决定比赛对手名单。有人向队员打听对手是哪位。a 说他不和 x 比,c 说他不和 x、z 比,请编写程序找出 3 对赛手的名单。

12. 编程实现对数据的加解密。

某个公司采用公用电话传递数据,数据是 4 位的整数,在传递过程中是加密的,加密规则如下:每位数字都加上 5,然后用和除以 10 的余数代替该数字,再将第一位和第四位交换,第二位和第三位交换。请编程实现这个功能。

第13章

函数实现和使用

13.1 实验题目

1. 编写程序,写一个判别素数的函数,在主函数中输入一个整数,并调用该函数输出判断该整数是否是素数的信息。

2. 编写一个函数,从键盘输入一个字符串,统计其中字母、数字、空格和其他字符的个数。在主函数中进行调用,并实现测试。

3. 编写程序,用递归法将一个整数 n 转换为字符串。

13.2 实验目的

1. 熟练掌握定义函数和声明函数的方法。

2. 掌握调用函数时实参与形参的对应关系,以及理解"值传递"的方式。

3. 熟悉利用函数实现指定任务的程序设计思路,熟悉全局变量和局部变量的概念和用法。

4. 熟悉函数的嵌套调用和递归调用。

13.3 实验内容和要求

1. 编写程序,写一个判别素数的函数,在主函数中输入一个整数,并调用该函数输出判断该整数是否是素数的信息。

要求:

(1) 在完成基本功能的基础上,保留判别素数的函数,修改主函数,输出 100~200 的所有素数。

(2) 把主函数和判别素数函数分别放在两个程序文件中,作为两个文件进行编译、连接和运行。

知识提示:

(1) 当采用函数实现功能时,需要准确定义函数的输入数据接口(形参)和输出数据接口(函数类型及其返回值)。素数的判断需要告诉函数要判断的整数数值是多少,判断的结果是怎样的逻辑值,因此判别素数的函数只需要规定一个整型形参,利用整型数据作函数返回值就可以了。

(2) 在程序的源文件中,判别素数的函数和主函数的相对位置会对程序的写法有影响。如果主函数在源文件的前面,判别素数的函数在主函数之后,那么需要在主函数的内部,或者在主函数的前面增加对判别素数函数的声明。如果没有函数声明,那么编译将无法通过。因为函数声明的作用是把函数的名称、函数类型以及形参的类型、个数和顺序通知给编译系统,以便在调用该函数时编译系统能按此进行对照检查。如果判断素数的函数定义在主函数之前,则在主函数前或主函数内部可以声明该函数,也可以不声明该函数。

（3）如果不同的函数保存在不同的文件中，则需要使用关键字 extern 来表明函数的性质，同时需要使用头文件的方式实现函数声明，以便在主调函数所在的文件中通过包含头文件的方式声明被调函数。

（4）改进程序输出 100~200 的所有素数，需要判断 100~200 的每个数，因此只需在主函数中 if 语句的外层增加一个循环即可。

预期结果：

（1）基本功能。

输入：input an integer:17
输出：17 is a prime.
输入：input an integer:34
输出：34 is not a prime.
输入：input an integer:2
输出：2 is a prime.
输入：input an integer:1
输出：1 is not a prime.
输入：input an integer:0
输出：0 is not a prime.

（2）列出 100~200 的所有素数。

输出：
101 is a prime.
103 is a prime.
107 is a prime.
109 is a prime.
113 is a prime.
127 is a prime.
131 is a prime.
137 is a prime.
139 is a prime.
149 is a prime.
151 is a prime.
157 is a prime.
163 is a prime.
167 is a prime.
173 is a prime.
179 is a prime.
181 is a prime.
191 is a prime.
193 is a prime.
197 is a prime.
199 is a prime.

2. 编写一个函数，从键盘输入一个字符串，统计其中字母、数字、空格和其他字符的个数。在主函数中进行调用，并实现测试。

要求：

（1）在主函数中输出统计的结果。

（2）在程序中该如何使用变量记录结果？是局部变量还是全局变量？需要仔细分析。

（3）在基本功能实现的基础上，不采用全局变量实现前述功能，修改程序并运行测试。

知识提示：

（1）在主函数中输入字符串，定义函数实现不同类别字符的统计功能，在主函数输出统计结果。

（2）通过键盘输入字符串，可以在函数内通过 scanf 或者 getchar 等库函数获取，直到遇到回车符后停止读入字符。

（3）用函数实现不同类别字符的计数功能时，不仅需要准确定义函数的输入数据接口和输出数据接口，还需要明确计数变量的类型，以方便函数调用结束时将计数变量的值返回给主调函数。

本实验中，统计不同类别字符的函数称为计数函数。计数函数需要返回计数变量的值，如果计数变量的数量超过 1 个，那么利用 return 返回的方式难以实现。因此不用设置函数返回值，可以考虑以下两种方案：

第一种方案是利用全局变量，也就是在所有函数外分别定义记录不同字符个数的变量；

第二种方案是利用指针作为函数参数，通过间接寻址去修改主函数中记录不同字符个数的变量的值。

（4）定义在源文件头部的全局变量，可以被同一个文件中在其后定义的所有函数访问。利用这种方式定义计数变量，可以在被调函数中修改计数变量，也可以在主调函数中访问被修改了的计数变量，不论被调函数还是主调函数，它们访问的都是同一个变量。

（5）调用函数时，如果主调函数和被调函数之间传递的是地址，那么在被调函数中，可以利用形参间接访问实参所指向的内存单元。这时，在调用被调函数的过程中，通过定义为指针类型的形参来修改主调函数中的变量值，就非常方便。在本实验中，可以按照这种方法编写程序。此时，计数函数的输入数据接口除了用于接收字符串的字符数组或字符指针，还需要增加用于存放计数结果的指针，不设置函数返回值。

预期结果：

提示信息：Please input a string
输入：I am a student.Welcome to China! 2020.
输出：字母数 25
　　　空格数 6
　　　数字数 4
　　　其他字符数 3

3. 编写程序,用递归法将一个整数 n 转换为字符串。

要求:

(1) 用递归法将一个整数 n 转换为正序字符串,其中 n 的位数不确定,可以是任意的整数。例如,输入整数 483,应输出字符串"4 8 3"。

(2) 改进程序,使输入的任意整数 n 转换为逆序字符串。例如,输入 483,应输出字符串"3 8 4"。

(3) 如果不用递归法,能否改用其他方法解决此问题?

知识提示:

(1) 输入整数可以是正整数,也可以是负整数。当输入的是负整数时,需要单独处理负号,然后将负整数转换为正整数处理。

(2) 输入的整数位数是未知的,最直观的做法是每次提取出一位数字,将其按字符输出。在前面的实验中已经练习过,通过循环"%10"取余和"/10"整除的操作,可以将整数分解成多个数字。但是这样的分解首先得到的是个位数,而实验任务要求个位数字最后输出,因此无法直接使用这种方法。

(3) 使用递归法可以很好地解决这个问题。比如对于整数 483,可以利用递归的思想将 483 的数字转换问题分解为整数 48 的数字转换问题和数字 3 的转换问题。而整数 48 的数字转换问题又可以分解为数字 4 的转换和数字 8 的转换。单个数字的转换可以直接利用字符输出的方式实现。递归法的关键是找到递归公式。本实验的递归公式是:

转换 n=转换 n/10 + 输出 n%10

本题的递归就是利用整除 10 的方法逐次将整数缩小到 1/10 且只保留整数部分,即每次舍掉最低位,直到整除的结果为 0 时结束递推,然后溯源利用取余的方法依次从高位到低位以字符形式输出各位上的数字。

(4) 递归的结束条件是 n/10 结果为 0。此时,直接输出 n 的字符即可。

(5) 定义转换函数实现递归方法,主调函数在前,转换函数在后。

(6) 改进程序倒序输出字符串,只需在递归函数中改变输出的位置即可。

(7) 不采用递归方法实现本实验程序时,逆序输出可以直接利用循环实现,而正序输出由于需要缓存各位上的数字,可以使用数组来记录中间结果(数组将在第 14 章的实验中练习),也可以先判定整数最高位的位置,然后依次计算。

预期结果:

(1) 正序输出:

提示信息: input an integer:
输入: 4976
输出: output:4976

(2) 逆序输出:

提示信息: input an integer:
输入: 4976
输出: output:6794

13.4 实验参考代码

实验一

（1）基本程序。

```
#include <stdio.h>
int main(void)
{
    int prime(int);              // prime 函数的声明,可以不写形参的名字
    int n;

    printf("input an integer:");
    scanf("%d",&n);
    if (prime(n))
        printf("%d is a prime.\n",n);
    else
        printf("%d is not a prime.\n",n);

    return 0;
}

int prime(int n)
{
    int flag = 1, i;
    for (i=2; i<n/2 && flag==1; i++)
        if (n%i==0)
            flag = 0;

    return flag;
}
```

（2）功能改进,打印 100～200 的素数,增加一个外层循环,实现 100～200 的遍历。

```
int main(void)
{
    int prime(int);
    int n;

    for (n=100; n<=200; n++)
        if (prime(n))
            printf("%d is a prime.\n",n);

    return 0;
}
```

(3) 代码完善,求素数函数保存在 prime.c 中,主函数文件中通过#include "prime.h" 引入求素数函数的声明。

```c
//文件 Main.c 的内容
#include <stdio.h>
#include "prime.h"                  //预编译命令会包含.h 文件的内容
int main(void)
{
    int n;
    for (n=100; n<=200; n++)
        if (prime(n))
            printf("%d is a prime.\n",n);
    return 0;
}


//文件 prime.h 的内容
int prime(int n);


//文件 prime.c 的内容
#include <stdio.h>
int prime(int n)
{
    int flag = 1, i;
    for (i=2; i<n/2 && flag==1; i++)
        if (n%i==0)
            flag=0;
    return flag;
}
```

(4) 代码完善,求素数函数保存在 prime.c 中,主函数文件中通过 extern 声明实现求素数函数的声明。

```c
// 文件 Main.c 的内容
#include <stdio.h>
int main(void)
{
    // 利用 extern 声明,表明 prime 函数是外部的
    extern int prime(int);
    int n;
    for (n=100; n<=200; n++)
        if (prime(n))
            printf("%d is a prime.\n",n);
    return 0;
}
// 文件 Prime.c
#include <stdio.h>
int prime(int n)
```

```
{
    int flag = 1, i;
    for (i=2; i<n/2 && flag==1; i++)
        if (n%i==0)
            flag = 0;
    return flag;
}
```

实验二

（1）基本功能（使用全局变量，自定义函数为无参函数）。

```
#include <stdio.h>
int letter,digit,space,others;
int main(void)
{
    void count(void);              // count 函数的声明
    letter = 0;
    digit = 0;
    space = 0;
    others = 0;
    count();
    printf("\n字母数 %d\n空格数 %d\n数字数 %d\n其他字符数 %d\n",
        letter,space,digit,others);
    return 0;
}
void count(void)
{
    int i;
    char ch;
    printf("Please input a string\n");
    while((ch=getchar())!='\n')
    {
        if ((ch>='a'&&ch<='z')||(ch>='A'&&ch<='Z'))
            letter++;
        else if (ch>='0'&&ch<='9')
            digit++;
        else if (ch==32)
            space++;
        else
            others++;
    }
}
```

（2）改进，不用全局变量，使用指针完成地址传递。

```
#include <stdio.h>
```

```
int main(void)
{
    void count(int *,int *,int*, int*);   //count 函数的声明,此处需要写形参类型
    int letter = 0;
    int space = 0;
    int digit = 0;
    int others = 0;
    count(&letter,&digit,&space,&others);    // 将计数变量的地址传递到计数函数中
    printf("\n 字母数 %d\n 空格数 %d\n 数字数 %d\n 其他字符数 %d\n",
               letter,space,digit,others);
    return 0;
}

void count(int * letter,int * digit,int *space,int *others)
{
    int i;
    char ch;
    printf("Please input a string:");
    while((ch=getchar( ))!='\n')
    {
        if ((ch>='a'&&ch<='z')||(ch>='A'&&ch<='Z'))
            *letter++;
        else if (ch>='0'&&ch<='9')
            *digits++;
        else if (ch==32)
            *space++;
        else
            *others++;
    }
}
```

实验三

（1）基本功能,正序输出。

```
#include <stdio.h>
int main(void)
{
    void convert(int n);
    int number;

    printf("input an integer:\n");
    scanf("%d",&number);
    printf("output:");
    if (number <0)
    {
        putchar('-');
```

```
        putchar(' ');
        number=-number;
    }
    convert(number);
    printf("\n");
    return 0;
}

void convert(int n)
{
    int i;
    if ((i=n/10)!=0)        // 判断整除 10 以后的结果是否为 0,确定是否为个位数
        convert(i);
    putchar(n%10+'0');
    putchar(32);
}
```

(2) 逆序输出。

```
void convert(int n)
{
    int i;
    putchar(n%10+'0');      //将输出语句放置到递归调用前
        putchar(32);
    if ((i=n/10)!=0)        // 判断整除 10 以后的结果是否为 0,确定是否为个位数
        convert(i);
}
```

(3) 不使用递归方法的正序输出功能。

```
void convert(int n)
{
    int i,t;
    int count;              // 计数,确定 n 的位数
    int module;             // 提取各位数字的模板
    count = 0;
    t = n;
    while ((t=t/10)!=0) count++;     // 确定 n 的位数

    // 计算最大的模板,若 n 为 483,则 module 为 100
    module = 1;
    for (i=0;i<count;i++) module = module * 10;
    // 逐位输出数字
    for (i=0;i<=count;i++)
    {
        t = n/module%10;
        putchar(t+'0');
```

```
        module = module/10;
    }
}
```

（4）不使用递归方法的逆序输出功能。

```
void convert(int n)
{
    int i;
    i = n;
    do {
        putchar(i%10+'0');
        putchar(32);
        i = i/10;
    } while(i!=0);
}
```

13.5 典型错误辨析

1．定义函数时，在函数首部末尾加入了分号。

C 语言规定，函数首部用来规定函数类型、函数名称、函数参数类型、个数和顺序等。函数首部后是函数要实现的功能的语句集合，即函数体。函数首部和函数体一起构成了函数定义，因此函数首部与函数体之间不可以加分号。

函数声明是把函数类型、函数名称、函数参数类型、个数和顺序告知编译系统，以便调用函数时系统能够对照进行一致性检查，因此函数声明是一个语句，通过在函数首部的后面加一个分号实现。

有的初学者习惯性地在行末加分号，从而导致编译错误。

例如，下面的函数定义代码就出错了。

```
//函数实现前 n 个自然数的累加和
int Add(int n);
{
    int sum = 0, i;
    for (i=1; i<=n; i++)
        sum+=i;
    return sum;
}
```

建议修改方法：在写完函数首部后直接先写"{}"，然后在"{"和"}"之间书写函数体语句。这样就可以避免在函数首部后多加分号的情况了。

2．定义函数时，省略了形参列表中某些形参的类型名。

在 C 语言中，函数定义时的形参列表用来指定函数的输入数据接口，如果没有指明每个数据接口能接收数据的类型，仅指明名称，那么在函数调用时就不能够正确接收数据，从而导致函数调用失败。因此定义函数时形参列表中每个参数的类型、名称、参数的个数和顺序必须一一指明,不可贪图省事而省略类型。有些初学者会误以为不同形参的类型相同时,可像定义多个同类型变量一样仅指定一个类型,省去了后续几个形参类型的书写,这样就会导致编译错误。

例如,下面的函数定义代码就出错了。

```
int Fun(int x, y)
{
    int sum = 0;
    sum = x+y;
    return sum;
}
```

建议修改方法:为避免出错,无论是定义函数还是声明函数,都把函数首部中的形参列表要素书写齐全。待对函数定义掌握熟练了以后,再尝试在函数声明时省略形参列表的部分要素。

3. 在函数体内部定义了与形参变量重名的局部变量。

C 语言语法规定,函数定义时的形参变量是局部变量,作用域仅限在本函数内部。在函数体内定义的变量也是局部变量,作用域同样仅限在本函数内部。如果在函数体内定义了与形参变量同名的局部变量,则会造成函数内部局部变量同名的问题,从而产生语法错误,导致编译不能通过。

例如,下面的函数定义代码就出错了。

```
int prime(int n)
{
    int n, i, flag = 1;
    for (i=2; i<n/2 && flag==1; i++)
        if (n%i==0)
            flag = 0;
    return flag;
}
```

建议修改方法:初学者在定义变量时,不论是全局变量、局部变量还是形参变量,尽可能使用不同的变量名,以避免遇到变量同名的现象。

4. 利用函数的返回语句返回多个值。

C 语言中,函数的返回值只能是一个。初学者经常希望让函数既能返回一个 x 又能返回一个 y,写成了如下语句:

(1) return(x,y);

(2) return x; return y;

上述两种语句都无法实现同时返回两个变量的值。

第(1)种写法中给 return 传递了两个值,这不符合 C 语言中 return 的规定,有语法错。而第(2)种写法中,由于"return x;"在前,所以先执行,退出当前的函数。这时不再执行该函数的后续语句,因此第(2)种写法只能返回 x。这种写法没有语法错误,但无法实现返回 y 的功能。

建议修改方法:如果需要被调函数返回多个计算结果,可以利用间接访问的方法,或者全局变量来实现数据的传递。

5. 递归函数没有定义结束条件

在实现递归函数时,程序中递归关系的表述是最难的。在设计程序时,非常容易忽略递归函数的结束条件,或者把结束条件写错。这时,递归函数很容易成为"死循环"程序。

建议修改方法:由于递归函数需要在特定条件下结束,因此一般在递归函数中都要有 if 分支语句,在分支中返回一个确定的数值。当出现这类错误时,需要检查递归函数中是否存在 if 分支,if 分支中的返回值是否是确定的数值。

13.6 参考实验课题

1. 编写程序,用函数实现求前 n 个自然数的阶乘和。从键盘键入 n 的值,在主函数中输出阶乘和。

2. 编写程序,用函数实现十进制到八进制的转换。从键盘键入一个整数,在主函数中输出转换后的结果。

3. 编写程序,利用函数实现 3 个整数的数据的排序。

编写排序函数,利用指针间接访问方法实现在函数内部对实参数据的访问。数据的输入和输出在主函数中实现。

4. 编写程序,用函数实现求前 n 个自然数以内的所有素数之和。从键盘任意键入一个自然数 n,在主函数输出 n 以内的素数之和。

5. 编写程序,用函数实现求两个正整数的最大公约数和最小公数倍。两个正整数的最大公约数是能够整除这两个整数的最大整数,最小公倍数是这两个正整数的乘积除以它们的最大公约数。方法不限。

6. 编写程序,使输入的一个字符串逆序存放,在主函数中输入和输出字符串,要求利用指针作为函数的参数。

7. 5 个海难幸存者在岛上发现了一堆肉罐头,第一个幸存者把罐头分为等量的 5 堆,还剩下 1 个给了小仔熊,自己私藏了 1 堆。第二个幸存者把剩下的 4 堆罐头混合后重新分为等量的 5 堆,还剩下 1 个给了小仔熊,自己私藏了 1 堆。然后第三、四、五个幸存者依次按同样的方法处理了自己看到的肉罐头。请编程计算原来这堆罐头有多少个。

8. 编写程序,求解猴子吃桃问题。

猴子第一天摘下若干桃子,当即吃了一半,还不过瘾,又多吃了一个。第二天早上将剩下的桃子吃掉一半,又多吃了一个。以后每天早上都吃了前一天剩下的一半零一个。到第十天早上想再吃时,发现只剩下一个桃子了。求第一天共摘了多少。

9. 编写程序,求解李白打酒问题。

话说大诗人李白,一生好饮。一天,他提着酒壶,从家里出来,酒壶中有酒 2 斗。他

边走边唱:

无事街上走,提壶去打酒。

逢店加一倍,遇花喝一斗。

这一路上,他一共遇到店 5 次,遇到花 10 次,已知最后一次遇到的是花,他正好把酒喝光了。请你计算李白遇到店和花的次序,可以把遇店记为 a,遇花记为 b。则babaabbabbabbbb 就是合理的次序。像这样的答案一共有多少呢?请你计算出所有可能方案的个数。

10. 哥德巴赫猜想。

一个偶数总能表示为两个素数之和。请编写程序,输入一个偶数,分解得到两个素数。

第14章

数组使用

14.1 实验题目

1. 编写一个能计算整型数组平均值和最大值的程序。
2. 编写一个能计算二维数组平均值,并查找最大值位置的程序。
3. 编写一个函数,实现将一个字符串中的元音字母复制到新字符串中的功能。
4. 编写程序,对输入的 10 个整数进行排序。
5. 编写一个能统计字符串长度的小程序。
6. 编写程序,实现对课程成绩的分析。

14.2 实验目的

1. 通过编程巩固数组知识,学会应用一维数组、二维数组和字符数组。
2. 熟练掌握数组中的最值计算、数据排序、数据查找问题的算法。
3. 利用数组解决较为复杂的数据处理问题。

14.3 实验内容和要求

1. 编写一个能计算整型数组平均值和最大值的程序。

输入若干整数,编程计算这些整数的平均值以及最大值。拟输入整数的个数以及所有的整数值都需要从键盘输入。

建议输出必要的提示信息,指导用户在使用程序时输入正确的内容。

要求:

(1) 为确定拟输入整数的个数,需要设置一个整型变量来存储它。

(2) 输入数据时,用空格分隔各个整数。

(3) 输出平均值时,保留两位小数。

知识提示:

为了完成本项实验,需要解决如下问题:如何给数组赋值,如何遍历数组,如何求出最大值。

(1) 通过逐个元素输入的方式给数组赋值。

通过 scanf 函数循环输入每个数组元素的值,实现对整个数组的赋值。

(2) 遍历数组。

遍历数组就是把数组中的元素都看一遍。由于可以通过数组的下标来访问各个元素,因此可以定义一个整型变量 i 作为元素下标。令 i 从 0 递增到 n-1(假设 n 为数组元素个数),那么就可以遍历所有的数组元素。

(3) 用打擂台法计算最大值。

回想一下武侠小说中比武招婿设置的擂台,求数组的最大值,是不是很像打擂台呢?

我们不知道其中谁最厉害,所以准备一个擂台,并挑选第一个人为擂主(max),擂台下的其中一人来挑战擂主,如果赢了那么挑战者就是新擂主,之前的擂主就下台了,另有一人来挑战新擂主,如此循环,直到没有挑战者,那最后一个擂主就是最厉害的那个,就能娶得心仪的姑娘。

本项实验需要读者将上述过程用 C 语句表达出来。

预期结果:

```
输入: 5
     4  91  51  2  32
输出: 平均值:44.00
     最大值:91
```

2. 编写一个能计算二维数组平均值,并查找最大值位置的程序。

输入若干整数,编程计算这些整数的平均值,并确定最大值的位置。这一批数据是一个矩阵的所有元素值。

建议输出必要的提示信息,指导用户在使用程序时输入正确的内容。

要求:

(1)对于具有矩阵结构的数据,需要用二维数组存储这些数据。

(2)二维数组的行数和列数分别为 M 和 N。

(3)输入数据时,用空格分隔各个整数。

(4)输出平均值时,保留两位小数。

(5)输出最大值的位置时,输出实际的行号和列号,比如第 2 行第 3 列。

知识提示:

为了完成本实验,需要解决如下问题:如何给二维数组赋值,如何遍历二维数组。

(1)二维数组的行数 M 和列数 N 以符号常量的形式给出。

(2)通过逐个元素输入给二维数组赋值。

采用二重循环和 scanf 函数实现对二维数组元素的赋值。

(3)遍历数组。

遍历数组就是把数组中的元素都看一遍。由于可以通过数组的下标来访问数组的各个元素,因此可以定义一个整型变量 i 作为元素的行下标,一个整型变量 j 作为元素的列下标。令 i 从 0 递增到 M-1,j 从 0 递增到 N-1,则可以遍历数组的所有元素。

(4)打擂台法计算最大值。

挑战者分组依次上台挑战,直到所有挑战者均上台挑战过,擂台比赛才能结束。因此打擂台过程中需要使用二重循环实现。

本实验需要读者将上述过程用 C 语句表达出来。

预期结果:

```
若 M、N 分别指定为:2  3
输入: 64 91 51 82 92 76
```

输出:平均值:76.00

　　　最大值位置:第 2 行第 2 列

3. 编写一个函数,实现将一个字符串中的元音字母复制到新的字符串中的功能。

要求:

(1) 在主函数中输入字符串,输出字符串。

(2) 函数声明中参数的写法和定义函数时的形式完全相同。

(3) 在程序基本功能的基础上,修改程序,省略函数声明中数组的名称或大小,调试运行程序观察结果是否正确。

(4) 在程序基本功能的基础上,修改程序,省略函数定义中形参数组的大小,调试运行程序,观察结果是否正确。

知识提示:

(1) 字符串用一维字符数组存放。一维字符数组的初始化可以用多种方法实现,比如在定义时直接初始化,利用循环读入字符的方式实现(scanf("%c",&c)),利用读取字符串的方式实现(scanf("%s",str) 或 gets(str))等。gets 函数是字符串处理库函数,其声明包含在头文件 string. h 中,因此在使用 gets 函数时,需要在源文件的起始位置添加预处理命令#include <string. h>,对 gets 函数进行声明。

(2) 在主调函数中输出新字符串,需要将被调函数构造的新字符串返回给主调函数使用。这可以通过设置全局变量达到这一目的,或在函数定义时增加一个形参,且这个形参为字符数组或字符指针来实现。

(3) 英文中元音字母有 5 个,区分大小写,可用逻辑或构造判断条件。

(4) 函数声明时可以省略数组的名称和大小,但是不可以省略中括号,中括号表示参数类型为数组,如果省略了中括号,则意味着参数为普通变量,含义也就错了。

(5) 以数组作为函数的形参时,数组的大小可以省略。因为函数形参写成数组形式时,形参记录的是数组地址。这意味着函数调用时,不会将作为实参的数组中所有元素复制到形参这个数组中,而是将作为实参的数组地址传递给形参。形参可以利用间接访问的方式(指针法或下标法)来访问实参数组中的元素。

(6) 字符数组在使用时,其存储的字符串的实际长度由数组中第一个'\0'即字符串结束标志决定,因此无须指定形参数组的大小。

预期结果:

提示信息:input string:

输入:Today is Monday! We are very busy.

输出:The vowel leters are:oaioaeaeeu

4. 编写程序,对输入的 10 个整数进行排序。

要求:

(1) 使用冒泡法在主函数中对输入的数据按由小到大进行排序。

(2) 用自定义函数实现排序,在主函数中输入数据,并在主函数中将排序后的结果输出到屏幕。

(3) 在实现基本功能的基础上,可以使用选择法再次实现由小到大的排序,体会两种排序方法的区别。

知识提示:

(1) 冒泡法是一种简单的排序算法,其实现原理是重复扫描待排序序列,并比较每一对相邻的元素,当相邻元素顺序不正确时进行交换。一直重复这个过程,直到没有任何两个相邻元素需要交换,就表明完成了排序。冒泡法在每次的比较中都可能涉及两个数据之间的交换,且每轮比较中会把当轮最大的数存到本轮数据的最后。因此在排序算法的内层循环中,循环结束条件与比较的趟数有关。

(2) 将冒泡法程序封装成一个自定义的排序函数,自定义函数接收一批数据,在函数调用结束后,主调函数能获得排序后的数据结果并输出。需要使用整型数组或指针实现对函数调用过程中数据的传递。

(3) 选择法排序是每次从待排序的数据元素中选出最小(或最大)的一个元素,存放在序列的起始位置,再从剩余未排序元素中继续寻找最小(大)元素,然后放到已排序序列的末尾。以此类推,直到全部待排序的数据元素排完。选择法排序在每轮的比较中记录最小值(最大值)的位置,每轮最多交换一次数据,且每轮会把当轮最小(最大)的数存到本轮数据序列的开头。因此排序的内循环中循环开始条件与比较的趟数有关。

(4) 从冒泡法和选择法的对比可以看出,冒泡法以相邻数要满足顺序的子目标为指导,逐步实现整体排序,而选择法每一次循环都是在整体中查找当前的最大(小)值,逐渐缩小问题规模,两者的指导思想有区别。若有 n 个数需要排序,则冒泡法有可能需要执行 $\frac{n(n-1)}{2}$ 次交换操作,而选择法最多需要交换 n 次交换操作。

预期结果:

提示信息: Please input 10 numbers :
输入: 87 69 92 98 63 49 54 3 71 26
输出: the sorted numbers are:
　　　　3 26 49 54 63 69 71 87 92 98

5. 编写一个能统计字符串长度的小程序。

要求:

(1) 不能使用字符串长度函数 strlen。

(2) 在主函数直接实现字符串长度的统计。

(3) 修改程序,写一个函数实现字符串长度的统计。在主函数中输入字符串,并输出其长度。

知识提示:

(1) 采用 scanf 函数和"%s"格式控制符或 gets 函数进行字符串输入。

(2) 使用循环来遍历字符数组的元素。由于输入的字符串长度是未定的,因此可以利用字符串结束符判断循环是否结束。

（3）定义一个计数器变量，用于统计遍历的字符数。

（4）自定义函数的数据输入接口，形参可以使用字符数组或字符指针，输出接口即函数返回值可以返回字符串的长度，如 int len(char s[]) 或 int len(char * s)。也可以用指针传递字符串的长度，如 void len(char s[],int * n) 或 void len(char * s,int * n)，其中 n 指向字符串长度。

预期结果：

提示信息：请输入一个字符串
输入：abcdefg,91
输出：长度为 10

6. 编写程序，实现对课程成绩的分析。

要求：

（1）输入 5 个学生的 3 门课程成绩。

（2）用一个函数实现学生成绩的输入。

（3）用一个函数计算每个学生的平均成绩。

（4）用一个函数计算每门课程的平均成绩。

（5）用一个函数查找所有课程成绩中的最高分所对应的学生和课程。

知识提示：

（1）定义一个二维数组(5 行,3 列)，每行对应一个学生，每列对应一门课程。

（2）定义一个 input_stu 函数，为所有学生的课程成绩赋初值。

（3）定义一个 aver_stu 函数，计算每个学生的平均成绩。

（4）定义一个 aver_cour 函数，计算每门课程的平均成绩。

（5）定义一个 highest 函数，用两层循环找到最高分，返回其对应的行号和列号(行号和列号应定义为全局变量)。

（6）4 个自定义函数均需接收存放在二维数组中的成绩，因此需要将存放成绩的二维数组设置为全局变量。如果不使用全局变量，那么需要借助指针来完成数据传递。

预期结果：

提示信息：input score of student　1:
输入：98 27 82
提示信息：input score of student　2:
输入：28 87 92
提示信息：input score of student　3:
输入：57 94 79
提示信息：input score of student　4:
输入：87 68 28
提示信息：input score of student　5:
输入：87 73 92
输出：
No.　　C1　　C2　　C3　　　AVE

```
No 1   98.00   27.00   82.00   69.00
No 2   28.00   87.00   92.00   69.00
No 3   57.00   94.00   79.00   76.67
No 4   87.00   68.00   28.00   61.00
No 5   87.00   73.00   92.00   84.00
AVE:   71.40   69.80   74.60
HIGH: 98.00 No 1 Course 1
```

14.4 实验参考代码

实验一

```c
#include <stdio.h>
#define N 10
int main(void)
{
    int a[N] = {0};
    int n,i = 0;
    float ave = 0.0;
    int max;

    scanf("%d",&n);                //输入拟处理的数据数量
    for(i=0;i<n;i++)               //利用循环为数组元素赋值
        scanf("%d",&a[i]);

    //在循环内将求累加和以及找最大值一起进行,可以少用一个循环
    max = a[0];
    for(i=0;i<n;i++)
    {
        ave += a[i];
        max = max > a[i] ? max : a[i];
    }
    printf("平均值:%.2f\n最大值:%d",ave/n,max);
    return 0;
}
```

实验二

```c
#include <stdio.h>
#define M 2
#define N 3

int main(void)
{
    int a[M][N] = {0};
    int i = 0,j = 0;
    int max,imax = 0,jmax = 0;
```

```
    double aver = 0.0;

    for(i=0;i<M;i++)                    //利用循环为二维数组赋值
        for(j=0;j<N;j++)
            scanf("%d",&a[i][j]);

    //在循环内同时求累加和以及找最大值的位置,以减少代码量
    max = a[0][0];
    for(i=0;i<M;i++)
    {
        for(j=0;j<N;j++)
        {
            aver+ = a[i][j];
            if(max<a[i][j])
            {
                max = a[i][j];
                imax = i;
                jmax = j;
            }
        }
    }

    printf("平均值:%.2f\n最大值位置:第%d行第%d列:%d\n",aver/(M*N),
    max,imax+1,jmax+1);
    return 0;
}
```

实验三

```
#include <stdio.h>
#include <string.h>                    //对字符串处理库函数进行包含

int main(void)
{
    void cpy(char [], char []);
    char str[80], c[80];

    printf("input string:");
    get(str);
    cpy(str,c);
    printf("The vowel leters are:%s\n", c);

    return 0;
}

void cpy(char s[], char c[])
{
    int i,j;
```

```
        for (i=0,j=0;s[i]!='\0';i++)
            if (s[i]=='a'||s[i]=='A'||s[i]=='e'||s[i]=='E'||
            s[i]=='i'||s[i]=='I'||s[i]=='o'||s[i]=='O'||s[i]=='u'||s[i]=='U')
            {
                c[j] = s[i]; j++;
            }
            c[j]='\0';
}
```

实验四

（1）冒泡法实现排序。

```
#include <stdio.h>
int main(void)
{
    int a[10];
    int i,j,t;

    printf("Please input 10 numbers :\n");
    for (i=0;i<10;i++)                    //输入 10 个整数,存放在数组 a[10]中
        scanf("%d",&a[i]);
    printf("\n");

    for(j=0;j<9;j++)              //进行 9 趟比较
        for(i=0;i<9-j;i++)       //第 j 趟,进行 9-j 次比较
            if (a[i]>a[i+1])      //升序排序
            {
                t = a[i];a[i] = a[i+1];a[i+1] = t;
            }

    printf("the sorted numbers are:\n");
    for(i=0;i<10;i++)
        printf("%d ",a[i]);
    printf("\n");

    return 0;
}
```

（2）实现排序函数 sort。

```
#include <stdio.h>

int main(void)
{
    void sort(int a[]);
    int a[10];
    int i;
```

```
    printf("Please input 10 numbers :\n");
    for (i=0;i<10;i++)                  //输入 10 个整数,存放在数组 a[10]中
        scanf("%d",&a[i]);
    printf("\n");
    sort(a);
    printf("the sorted numbers are:\n");
    for(i=0;i<10;i++)
        printf("%d ",a[i]);
    printf("\n");

    return 0;
}

void sort(int a[])
{
    int i,j,t;

    for(j=0;j<9;j++)                    //进行 9 趟比较
        for(i=0;i<9-j;i++)              //第 j 趟,进行 9-j 次比较
            if (a[i]>a[i+1])            //升序排序
            {
                t = a[i];a[i] = a[i+1];a[i+1] = t;
            }
}
```

(3) 选择法实现排序函数 sort。

```
void sort(int a[])
{
    int i,j,k,t;
    for(j=0;j<9;j++)                    //进行 9 趟比较
    {
        k=j;                            //使用 k 记录最大值的位置
        for(i=j+1;i<10;i++)             //第 j 趟,进行 9-j 次比较
            if (a[k]>a[i])    k=i;      //升序排序
        if(k!=j)
        {
            t = a[j];a[j] = a[k];a[k] = t;
        }
    }
}
```

实验五

(1) 在主函数中实现字符串长度统计功能。

```
#include <stdio.h>
int main(void)
{
```

```
    char str[1000];
    int len = 0;

    printf("请输入一个字符串");
    scanf("%s",str);
    while(str[len++]!='\0');
    printf("长度为%d.\n",len-1);

    return 0;
}
```

（2）通过函数返回值返回字符串的长度。

```
#include <stdio.h>
#define N 20
int len(char s[])                 //或 int len(char *s)
{
    int n = 0;

    while(s[n]!='\0')
    n++;

    return n;
}

int main(void)
{
    char a[N];
    int count;

    printf("请输入字符串:");
    scanf("%s",a);
    count=len(a);
    printf("长度为%d\n",count);

    return 0;
}
```

（3）通过形参指针传递带回字符串的长度。

```
#include <stdio.h>
#define N 20
void len(char *s,int *n)
{
    *n = 0;
    while(s[*n]!='\0')
    (*n)++;
}
int main(void)
```

```
{
    char a[N];
    int count;

    printf("请输入字符串:");
    scanf("%s",a);
    len(a,&count);
    printf("长度为%d\n",count);

    return 0;
}
```

实验六

```
#include <stdio.h>
#define N 5
#define M 3
float score[N][M];              // 存放学生平均成绩和课程平均成绩
float a_stu[N], a_cour[M];      // 存放行列号
int r,c;                        // 最高成绩所对应的行号、列号,采用全局变量方式实现
int main(void)
{
    int i,j;
    float h;
    float highest(void);
    void input_stu(void);
    void aver_stu(void);
    void aver_cour(void);

    input_stu( );
    aver_stu( );
    aver_cour( );
    printf("\nNo.\tC1\tC2\tC3\tAVE\n");
    for (i=0;i<N;i++)
    {
        printf("\n No%2d",i+1);
        for (j=0;j<M;j++)
            printf("%8.2f",score[i][j]);
        printf("%8.2f",a_stu[i]);
    }
    printf("\n AVE:");
    for (j=0;j<M;j++)
        printf("%8.2f", a_cour[j]);
    printf("\n");
    h=highest( );
    printf("HIGH:%8.2f No%2d Course%2d\n", h,r,c);
```

```
        return 0;
    }

    void input_stu(void)
    {
        int i,j;
        for (i=0;i<N;i++)
        {
            printf("input score of student %2d:\n",i+1);
            for (j=0;j<M;j++)
                scanf("%f",&score[i][j]);
        }
    }

    void aver_stu(void)
    {
        int i,j;
        float s;
        for (i=0;i<N;i++)
        {
            for (j=0,s=0;j<M;j++)
                s += score[i][j];
            a_stu[i] = s / (float)M;
        }
    }

    void aver_cour(void)
    {
        int i,j;
        float s;
        for (j=0;j<M;j++)
        {
            for (i=0,s=0;i<N;i++)
                s += score[i][j];
            a_cour[j] = s / (float)N;
        }
    }

    float highest(void)
    {
        int i,j;
        float high = score[0][0];
        for (i=0;i<N;i++)
        for (j=0;j<M;j++)
        if (high<score[i][j])
        {
```

```
            high = score[i][j];
            r = i+1;
            c = j+1;
        }
    return high;
}
```

14.5 典型错误辨析

1. 定义数组时,使用变量来定义数组的长度。

数组的长度又称数组的大小。在使用数组时,系统会为数组分配一段连续的内存单元,用来存储数组的元素值。数组一旦被创建,它的大小就是不可改变的,因此定义数组时需要指定数组的固定长度。如果不指定数组的长度,则需要在定义数组的同时对数组进行初始化,此时系统会自动计算初始化列表中初值的个数,并默认将个数作为数组的长度。

数组的长度必须是一个整型常量。有的初学者会在定义数组时将变量作为数组的长度,或者想当然地用从键盘键入的整数值作为数组的长度,这两种情况都是错误的。

例如,下面的数组定义都是错误的。

```
int n =10;
int a[n];
```

```
int n;
scanf("%d",&n);
int a[n];
```

建议修改方法:定义数组时直接用整型常量指定数组的长度,如 int a[10]、char ss[20] 等。还可以在程序的开头定义字符常量,且这个字符常量代表的是整型常量,那么可以用字符常量指定数组的长度,如

```
#define N 8
double a[N];
```

2. 定义数组和引用数组元素时,使用小括号“( )”来指定数组的长度,或引用数组元素的下标。

C 语言规定,西文的中括号“[ ]”是下标运算符。同时,在定义数组时,中括号也用来表明定义的变量是数组,数组长度为“[ ]”内的整数值。引用数组元素时,“[ ]”内的值是与数组首元素的相对位置,编译系统利用该值来决定引用的是哪个数组元素。个别初学者会误用小括号来指定数组的长度,或引用数组元素的下标,从而导致语法错误,编译错误。如

```
int arry(19);        //原意是希望定义长度为 10 的整型数组
float asr(2,3);       //原意是希望定义长度为 2 行 3 列的二维数组
a(6) = a(2)+a(i);    //原意是希望引用数组元素进行计算
```

建议修改方法:无论是定义数组和使用数组元素,在写完数组名后直接加西文的中

括号"[ ]",然后在中括号"[ ]"内书写数组的大小或元素的下标即可,这样可避免符号使用错误。

3. 对数组元素进行初始化时,提供的初始值个数多于数组元素的个数。

C语言规定,在数组进行初始化时,初始化列表中提供的初始值个数不能多于数组元素的个数。此时,由于在内存中开辟的存储空间无法保存全部的初始值,所以编译系统会报错。

如果不对数组进行初始化,那么数组各元素的值为未确定的。

另外,若省略了对数组长度的声明,系统会自动按照初始化列表中提供的初始值个数对数组进行初始化并确定数组的大小,因此,如果需要只给部分数组元素赋值,就不能省略对数组的长度声明。

例如,下面的数组初始化就是错误的。

```
arr[4]={1,2,3,4,5};
```

建议修改方法:去掉初始化列表中的一个初始值,或者在对数组的全部元素赋初始值时,直接省略数组的长度,至于数组的大小则交给系统确定。

4. 引用数组元素时,下标越界。

C语言规定,数组元素的下标从 0 开始以整数递增顺序编号。使用 a[0]、a[1]、a[2]、a[3]、a[4]这样的形式访问每个元素。因此在定义数组"int a[3];"之后,程序中就为 a 在内存中保留了 3 个整型数据的空间,用于存放 a[0]、a[1]和 a[2]这 3 个元素。

通常采用下标来引用数组元素,下标既可以是常量,也可以是整型表达式。利用表达式可以快速访问任意数组元素,如 a[i],这时可以像使用普通变量一样使用数组元素 a[i]。但是,下标一定不能越界。一旦下标越界,就将访问数组以外的空间,那里的数据是未知的,可能是关系到操作系统稳定的关键数据,也可能是程序中某些重要的控制变量,如果被意外修改,则很有可能带来很多意想不到的错误,甚至会产生严重的后果。

为简化设计,C语言的编译系统并不检查数组下标值是否越界。例如,程序中可以书写 a[3]来访问数组元素,这时编译系统不会报错。但编译之后对该数据的访问是以 a[0]的地址为基址,偏移 3 个元素的宽度来访问的,虽然也能读取数据,但该数据不是数组 a 的合法元素。

因此在使用数组编写程序时,要格外小心,程序员要自己确保对数组元素的正确引用,防止下标越界访问造成对其他存储单元中数据的破坏。

例如,在下面程序的循环中,下标 i 可以从 0 变化到 6,但 ss 数组只有 4 个元素,当 i 大于 3 时,ss[i]访问了数组之外的数据,发生越界。

```
void main(void)
{
    int a = 1, b = 2, i, ss[4];
    for(i=0; i<=6; i++)
    {
```

```
        ss[i] = i;
        printf("%d  ", ss[i]);
    }
    printf("\na=%, b=%d, i=%d\n",a,b,i);
}
```

14.6 参考实验课题

1. 编写一个函数,寻找数组中最大值和次大值,并在 main 函数中输出最大值和次大值。

2. 编写一个函数,实现在一个升序的数组中查找 x 应插入的位置,并将 x 插入数组中,使数组仍按升序排列。

3. 编写一个函数,对输入的 10 个字符串按由小到大的顺序排列。每个字符的大小按 ASCII 码值进行比较,字符串的大小按对应位置的字符大小来判断。

4. 编写一个函数,计算并输出如下的杨辉三角形:

```
1
1  1
1  2  1
1  3  3  1
1  4  6  4  1
1  5  10  10  5  1
1  6  15  20  15  6  1
```

5. 利用数组实现大数的加减乘除运算。由于整型的表示范围有限,可以利用整型数组记录大数。

6. 请对输入的 4 个学生 5 门课的成绩进行分析。

要求:分别用函数实现下列功能。

(1) 求第 2 门课的平均分,在 main 中输出平均分。

(2) 找出有 2 门以上课程不及格的学生,输出他们的全部课程成绩。

(3) 找出所有 20 个分数中的最高分数所对应的学生和课程,要求在 main 函数中输出最高分及对应的学生和课程信息。

(4) 用 main 函数调用各个函数。

7. 编写程序,查找关键词。

有一个文本文件,中间保存了一段文字。编写程序,读取该文本文件,在该段文字中查找关键词。

要求:该关键词从键盘输入。查找结果显示在屏幕上。

8. 用一个函数实现将一行字符串中最长的单词输出。此行字符串从主函数传递给该函数。

要求:

（1）把两个函数放在同一个程序文件中,作为一个文件进行编译和运行。

（2）把两个函数分别放在两个程序文件中,作为两个文件进行编译、连接和运行。

9. 编程做游戏。

有 n 个人围成一圈,顺序排号。从第一个人开始报数(从 1~3 报数),凡报到 3 的人退出圈子,问最后留下的那人原来是第几号。

第15章

结构体使用

15.1　实验题目

1. 编写程序,计算两个复数的和、差、积、商。
2. 从键盘输入 5 个学生数据(包括学号、姓名、3 门课的成绩),计算并输出课程总平均分和最高分的学生信息。

15.2　实验目的

1. 掌握结构体变量的定义、初始化与引用方法。
2. 掌握结构体数组的使用方法。
3. 理解结构体数据和结构体指针之间的关系。

15.3　实验内容和要求

1. 编写程序,计算两个复数的和、差、积、商。
要求:
(1) 定义一个可以表示复数的结构体类型。
(2) 利用函数分别实现和、差、积、商的计算。
(3) 在主函数中输入数据。
知识提示:
(1) 结构体类型可以包含多种不同的数据,用于表示复杂的数据。复数由实部和虚部构成,实部和虚部的计算要分开,可以采用结构体类型表示复数。
(2) 不能对结构体变量直接用一个常量赋值,只能对结构体变量中的成员赋值。例如,

```
struct complex
{
    float real;
    float imag;
} a;
a = {1.2,3.4};     错误
a.real = 1.2;      正确
a.imag = 3.4;      正确
```

(3) 可以直接将结构体变量当作普通变量来使用,实现两个同类型的结构体变量间的直接赋值,可以在函数中返回一个结构体变量,也可以在函数调用中将一个结构体实参传递给一个结构体形参。例如,

```
struct complex
{
```

```
    float real;
    float imag;
} a,b;
a = b;          正确
struct complex fun(complex a);
a = fun(b);   正确
```

预期结果:

提示信息:请输入第一个复数的实部和虚部:
输入:2 2
提示信息:请输入第二个复数的实部和虚部:
输入:-1 1
输出:
　　　　两个复数分别是
　　　　2.00+2.00i
　　　　-1.00+1.00i
　　　　复数和是 1.00+3.00i
　　　　复数差是 3.00+1.00i
　　　　复数积是-4.00+0.00i
　　　　复数商是 0.00-2.00i

2. 从键盘输入 5 个学生数据(包括学号、姓名、3 门课的成绩),计算并输出课程总平均分和最高分的学生信息。

要求:

(1) 输出的课程总平均分是指 3 门课程的总平均分,输出的学生信息包括学号、姓名、3 门课的成绩和平均分。浮点型的数据输出保留 1 位小数。

(2) 程序中的数据输入、平均分计算、最高分查找都利用函数实现。计算结果的输出在 main 函数中实现。

知识提示:

(1) 为记录学生信息,需要构造结构体数组;根据题意,结构体类型中需要包括学号、姓名和课程成绩等成员。

(2) 若结构体变量作为函数的形参,那么在函数调用时,结构体实参变量中的所有成员的值会被赋值到形参的成员变量中。这样当结构体变量较为复杂时,程序的运行效率较低,可以采用结构体指针进行参数传递,实现在被调函数内部对结构体变量的访问,避免出现结构体变量整体赋值的情况。

(3) 在查找最高分时,由于访问的数据是结构体变量,所以为避免结构体变量整体赋值,可以记录最大值元素对应的数组下标。

(4) 可以利用结构体指针变量来记录结构体数组的各元素地址,这也是对结构体变量常见的访问方式。

例如,若有如下结构体数组的定义:

```
struct student
{
```

```
    char num[6];
    char name[8];
    float score[3];
    float avr;
} stu[5];
```

那么通过定义"struct student ＊p;",并利用 p 来记录各元素地址,就可以利用"->"运算符来访问结构体成员了。

```
p = &stu[0];
printf("%f,%f,%f\n",p->avr);        // 输出 stu[0]中的平均分;
p++;
printf("%f,%f,%f\n",p->avre);       // 输出 stu[1]中的平均分;
```

预期结果:

测试用例:

测试数据如表 15.1 所示。

表 15.1 测试数据

No.	name	score1	score2	score3	average
101	Wang	93	89	87	89.67
102	Li	85	80	78	81.00
103	Zhao	65	70	59	64.67
104	Ma	77	70	83	76.67
105	Han	70	67	60	65.67

输入:

在录入时,可以按行方式录入,每两个数据之间利用空格分隔。注意,最后一列是平均分,需要由计算机算出,不用手工输入。

输出:

功课的平均分分别为:75.5
最高分的同学信息是:
No.:101,name:Wang,score:93.0,89.0,87.0,average:89.7

15.4 实验参考代码

实验一

```
#include <stdio.h>
struct complex
{
    float real;
    float imag;
```

```
};

// 函数说明：计算两个表示复数的结构体变量的和
// 形式参数：struct complex 结构体变量 a 和 b
// 返回值：struct complex 结构体变量
struct complex   com_add(struct complex a, struct complex b)
{
    struct complex sum;
    sum.real = a.real + b.real;
    sum.imag = a.imag + b.imag;
    return sum;
}


// 函数说明：计算两个表示复数的结构体变量的差
// 形式参数：struct complex 结构体变量 a 和 b
// 返回值：struct complex 结构体变量
struct complex   com_sub(struct complex a, struct complex b)
{
    struct complex diff;
    diff.real = a.real - b.real;
    diff.imag = a.imag - b.imag;
    return diff;
}


// 函数说明：计算两个表示复数的结构体变量的积
// 形式参数：struct complex 结构体变量 a 和 b
// 返回值：struct complex 结构体变量
struct complex   com_mpy(struct complex a, struct complex b)
{
    struct complex prod;
    prod.real = a.real * b.real - a.imag * b.imag;
    prod.imag = a.real * b.imag + a.imag * b.real;
    return prod;
}


// 函数说明：计算两个表示复数的结构体变量的商
// 形式参数：struct complex 结构体变量 a 和 b
// 返回值：struct complex 结构体变量
struct complex   com_div(struct complex a, struct complex b)
{
    struct complex qua;
    float norm;
    qua.real = a.real * b.real + a.imag * b.imag;
    qua.imag = -a.real * b.imag + a.imag * b.real;
    norm = b.real * b.real + b.imag * b.imag;
    qua.real = qua.real/norm;
    qua.imag = qua.imag/norm;
    return qua;
```

```
    }

    // 函数说明:按复数书写方式显示复数结构体变量
    // 形式参数:struct complex 结构体变量 a
    // 返回值:void,无返回值
    void com_show(struct complex a)
    {
        printf("%.2f",a.real);
        if (a.imag<0)                    // 由于实部和虚部写在一起,要区分加号和减号
            printf("%.2fi\n",a.imag);
        else
            printf("+%.2fi\n",a.imag);
    }


    int main(void)
    {
        struct complex a,b,c;

        printf("请输入第一个复数的实部和虚部:");
        scanf("%f %f",&a.real,&a.imag);
        printf("请输入第二个复数的实部和虚部:");
        scanf("%f %f",&b.real,&b.imag);
        printf("两个复数分别是\n");
        com_show(a);
        com_show(b);
        printf("复数和是");
        c = com_add(a,b);
        com_show(c);
        printf("复数差是");
        c = com_sub(a,b);
        com_show(c);
        printf("复数积是");
        c = com_mpy(a,b);
        com_show(c);
        printf("复数商是");
        c = com_div(a,b);
        com_show(c);

        return 0;
    }
```

实验二

```
#include <stdio.h>
#define N 5
//定义结构体数组
struct student
{
```

```
    char num[6];
    char name[8];
    float score[3];
    float avr;
} stu[N];

int main(void)
{
    int i,j,maxi;
    float sum,max,average;

    //输入数据
    for(i=0;i<N;i++)
    {
        printf("input scores of student %d:\n",i+1);
        printf("NO.:");
        scanf("%s",stu[i].num);
        printf("name:");
        scanf("%s",stu[i].name);
        for(j=0;j<3;j++)
        {
            printf("score %d:",j+1);
            scanf("%f",&stu[i].score[j]);
        }
    }

    //计算
    average = 0;
    max = 0;
    maxi = 0;
    for(i=0;i<N;i++)
    {
        sum = 0;
        for(j=0;j<3;j++)
        sum+=stu[i].score[j];
        //计算第 i 个学生总分
        stu[i].avr = sum/3.0;
        //计算第 i 个学生平均分
        average+=stu[i].avr;
        if(sum>max)                 //找分数最高者
        {
            max = sum;
            maxi = i;               //将此学生的下标保存在 maxi
        }
    }
    average/=N;                     //计算总平均分

    //可根据需要输出原始数据
```

```
//printf("NO. name score1 score2 score3 average\n");
//for(i=0;i<N;i++)
//{
    //printf("%5s%10s",stu[i].num,stu[i].name);
    //for(j=0;j<3;j++)
        //printf("%9.2f",stu[i].score[j]);
    //printf("%8.2f\n",stu[i].avr);
//}

// 按要求输出结果
printf("功课的平均分分别为:%4.1f\n",average);
printf("最高分的同学信息是: \n");
printf("No.:%s,name:%s,score:%4.1f,%4.1f,%4.1f,average:%4.1f\n",
stu[maxi].num, stu[maxi].name, stu[maxi].score[0], stu[maxi].score[1],
stu[maxi].score[2], stu[maxi].avr);

return 0;
}
```

15.5　典型错误辨析

1. 声明结构体类型时,忘记在最后的"}"后面加分号。

结构体类型的声明的大括号"{}"内定义了结构体成员的列表,此时大括号的作用和数组初始化时的大括号一样,声明了结构体内所有的成员信息。它不表示复合语句,因此仍然要像普通语句一样,使用西文分号来标志语句的结束。有的初学者误将大括号当成了复合语句,从而忘记了末尾的分号,导致语法错误。

例如,在下面的结构体类型声明中,最后没有分号,无法通过编译。

```
struct Date
{
    int year;
    int month;
    int day;
}
```

建议修改方法:声明结构体类型时,在类型名后面直接加一个分号,然后在分号前插入大括号,在大括号内书写成员列表。或者定义结构体类型的同时定义结构体变量或数组,在变量或数组后不容易忘记加分号。

2. 直接使用结构体变量名对结构体变量进行输入或者输出操作。

对结构体变量进行输入或输出操作时,不能直接针对结构体变量进行,因为结构体变量可以看作多个变量的集合,它包含了很多不同类型的成员,各个成员的类型和输入方式可能不同,scanf 函数或 printf 函数不能自动将结构体变量中的成员与不同的格式匹配起来。

例如,如果有如下结构体变量:

```
struct Student
{
    int num;
    char name[20];
    float score;
} stu;
```

那么,下面两条语句的输入输出操作就是错误的:

```
scanf("%d%s%f",&stu);          //为结构体变量 stu 输入初始化值是错误的
printf("%d%s%f",stu);          //将结构体变量 stu 的值输出是错误的
```

结构体变量的输入和输出,必须要针对结构体变量的成员进行操作。这时需要使用成员运算符"."。成员运算符"."是所有运算符中优先级最高的,因此可以把 stu. num 作为一个整体来看待,这时可以用 scanf 函数和 printf 函数,按一个普通的整型变量来实现它的输入和输出。

即使结构体变量的成员表列中仍然有结构体类型的成员,也需要像打开俄罗斯套娃那样逐层引用结构体变量的成员直至引用到最后一层成员。例如,下面的结构体类型声明:

```
struct Date
{
    int year;
    int month;
    int day;
};
struct Student
{
    int num;
    char name[20];
    char gender;
    char addr[40];
    float score;
    struct Date birthday;
} stu;
```

这时 stu. birthday. month 可以作为一个普通的整型变量出现在程序的语句中。

利用初始化列表对结构体变量的所有成员进行初始化时,需要按照成员列表的顺序依次书写每个成员的初始化值。例如,

```
struct Student stu={10101,"Li Lin",'M',"123 Beijing Road",90,1999,12,1};
```

在 C99 标准中,允许对结构体变量的指定成员进行初始化,例如"stu = {. name = "Zhang Fang"};"。

有的初学者对结构体变量的使用理解不深刻,会误将结构体变量当成普通变量使用,造成输入和输出时出错。

但是,在结构体变量的赋值、参数传递中,同样类型的结构体变量之间又是可以进行

整体赋值的,例如,

```
struct Student stu1,stu2;
stu1 = stu2;                    // 正确
```

这两种不同的语法规定,初学者很容易记混。需要多读程序,理解后记忆。

建议修改方法:无论是用初始化列表,还是用 scanf 函数和 printf 函数对结构体变量进行输入输出操作,都需要通过成员运算符对结构体变量的成员逐个进行。

3. 直接使用结构体的成员变量名访问结构体变量的成员。

同一类型的不同结构体变量具有相同的成员。如果直接使用成员变量名访问结构体变量的成员,则系统无法区分要访问的具体是哪个变量的成员。

例如,下面对结构体变量成员的访问是错误的。

```
struct Student
{
    int num;
    char name[20];
    float score;
} stu1,stu2;
scanf("%d",&num);               //对成员的访问是错误的
```

建议修改方法:要访问结构体变量的成员,必须指明访问哪个变量的成员,即明确成员的归属地,才能正确地使用,如修改为"scanf("%d",&stu1. num);"。这有点像身份证上的户籍地址,它是按照省、市、区、街道、小区、栋、单元和室的顺序给出户籍地址,而不是直接给出室的地址。

4. 对结构体中的数组成员直接赋值。

如果结构体变量的成员为数组,则需要按照数组的赋值方法来赋值。因为此时成员名是数组名,所以要符合数组赋值的所有规定,而不能认为它还是一个普通的结构体变量。例如,如果有一个结构体:

```
struct A{ char name[20]; int age;};
```

当定义了一个 A 类型的变量 struct A a 时,以下对 a 的 name 成员的赋值方式是错误的。

```
a.name="zhangsan";
```

因为在这里 a. name 仍然是一个数组名,而数组不能采用这样的方式赋值。可以利用"strcpy(a. name,"zhangsan");"的方式来赋值。

建议修改方法:检查结构体变量中的成员,如果是数组,则确认其赋值的方式应满足数组的要求。

15.6 参考实验课题

1. 定义一个结构体变量(包括年、月、日),计算该日在本年中为第几天(注意考虑闰年问题)。要求写一个函数 days,实现上面的计算。

由主函数将年、月、日传递给 days 函数,计算后将计算结果传递回主函数,并在主函数中输出。

2. 某一学校的学生信息包括学号、姓名、性别、出生日期(年、月、日)以及 4 门课程(数学、英语、物理、程序设计)的成绩。编程计算每个学生 4 门课程的平均分,并对所有学生的平均分进行降序排序,输出排序结果。

第16章 综合程序设计

16.1　实验题目

编写一个程序,从键盘录入一个班级的学生信息,保存到磁盘文件中,并对这些信息进行查询,统计并显示学生的成绩、排名。

16.2　实验目的

1. 综合应用 C 语言的语法和程序设计思想,解决较为复杂的数据处理问题。
2. 熟练掌握模块化程序设计方法。

16.3　实验内容和要求

编写一个程序,从键盘录入一个班级的学生信息,保存到磁盘文件中,并对这些信息进行查询,统计并显示学生的成绩、排名。

要求:

(1) 待处理的学生信息需包含学号、姓名、性别、出生日期、各门课程成绩等。

(2) 使用结构体记录学生信息;可使用结构体数组记录多名学生的信息。

(3) 要求实现各功能函数,完成录入单个学生信息、显示多个学生信息、统计总分、平均分、成绩排名等功能。

知识提示:

(1) 结构体类型可用于记录较为复杂的数据。本例中,为了更好地存储学生信息,可以声明结构体类型,包含如下成员信息和类型设置。

① 学号(studentID): 长整型

② 姓名(studentName): 字符数组,长度为 20

③ 性别(sex): 字符数组,长度为 4

④ 出生日期(birthday): birthday 结构体,成员整型

⑤ 各门课程成绩(score): float 型数组,长度为 COURSE_MAXNUM,5

⑥ 总分(total): float 型

⑦ 平均分(average): float 型

⑧ 排名(rank): 整型

(2) 使用 typedef,可以简化结构体类型的书写。

(3) 进行模块化设计,将整个程序分解为若干功能模块。如下是几个典型的函数,分别实现了录入信息、显示信息等功能,可供参考。其中 STUDENT 的定义为

```
typedef struct student { } STUDENT;
```

典型函数的定义为

```
① void Input(STUDENT *stud, int n,int m);                    //输入学生信息
② void Print(STUDENT *stud, int n,int m);                    //打印输出学生信息
③ void TotalAndAverage(STUDENT *stud, int n,int m);          //统计总分和平均分
④ void RankByTotal(STUDENT *stud, int n,int m);              //根据总分排名
⑤ void SaveStudInfo(const char *fileName,STUDENT *stud,int n,int m);
                                                             //保存学生数据到文件中
⑥ void ReadStudInfo(const char *fileName, STUDENT stud[]);
                                                             //读取文件中的学生数据
⑦ void SaveResult(const char *fileName, STUDENT stud[],int n,int m);
                                                             //将统计结果写入文件
⑧ void ReadResult(const char *fileName,STUDENT *stud);      //读取文件中的统计结果
```

（4）在使用动态存储空间时,可以采用如下的方式为每一个新增的变量申请空间。

```
stud = (STUDENT *)malloc(n*sizeof(struct student));
```

在使用完后,利用"free(stud);"释放空间。

（5）图 16.1 提供了一种参考流程图,有阴影的方框是实现的各个函数,它们从主函数中获取参数,或者向主函数反馈参数。

预期结果:

第一组:

输入:

```
2 4
1001 linghuchong M 1990-09-02 90 98 96 89
1002 renyingying F 1992-09-02 99 98 98 99
```

输出:

```
1002 renyingying F 1992-9-2   99  98  98  99 394  99   1
1001 linghuchong M 1990-9-2   90  98  96  89 373  93   2
```

第二组:

输入:

```
4 3
1001 linpingzhi M 1990-09-02 98 90 95
1002 yuelingshan F 1993-08-05 90 87 85
1003 yuebuqun M 1973-03-04 99 98 99
1004 linghuchong M 1990-09-04 99 99 98
```

输出:

```
1003 yuebuqun M 1973-3-4    99  98  99 296  99   1
1004 linghuchong M 1990-9-4   99  99  98 296  99   1
1001 linpingzhi M 1990-9-2   98  90  95 283  94   3
1002 yuelingshan F 1993-8-5   90  87  85 262  87   4
```

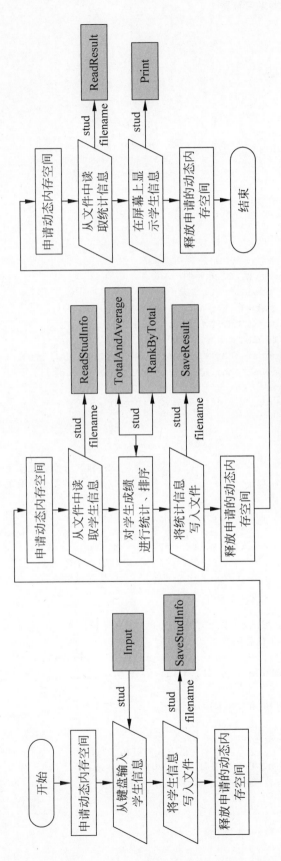

图 16.1 本章实验的参考流程图

16.4　实验参考代码

```
#include <stdio.h>
#include <stdlib.h>
#define COURSE_MAXNUM 5

//声明结构 STUDENT
struct student
{
...
};
typedef struct student STUDENT;
//声明功能函数,可在 main 函数之外声明
void Input(STUDENT *stud, int n,int m);
void Print(STUDENT *stud, int n,int m);
void TotalAndAverage(STUDENT *stud, int n,int m);
void RankByTotal(STUDENT *stud, int n,int m);
void SaveStudInfo(const char *fileName,STUDENT *stud,int n,int m);
void ReadStudInfo(const char *fileName, STUDENT stud[]);
void SaveResult(const char *fileName, STUDENT stud[],int n,int m);
void ReadResult(const char *fileName,STUDENT *stud);

int main(void)
{
    int n,m;                              //n 和 m 分别存放学生人数和课程门数
    STUDENT *stud;                        //指向存放学生信息的存储块的首地址

    scanf("%d%d",&n,&m);                  //输入学生人数 n 和课程门数 m
    // 动态分配存储
    stud = (STUDENT *)malloc(n*sizeof(struct student));
    Input(stud,n,m);                      //输入学生信息
    SaveStudInfo("student.txt",stud,n,m); //将测试输入信息写入文件
    free(stud);

    // 打开文件 student.txt,以文本文件方式打开用于读操作
    // 从文件中读取学生信息到数组 stud 中
    stud = (STUDENT *)malloc(n*sizeof(struct student));
    ReadStudInfo("student.txt",stud);
    // 计算总分
    TotalAndAverage(stud,n,m);
    // 计算排名
    RankByTotal(stud,n,m);
    // 打开文件 result.txt,以文本文件方式打开用于写操作
    // 将计算出的总分和平均分以及排名的学生信息写入文件
    SaveResult("result.txt",stud,n,m);
    free(stud);
```

```
    // 打开文件 result.txt,以文本文件方式打开用于读操作
    // 从文件中读取学生信息到数组 stud 中,用于测试是否与预期输出一致
    stud = (STUDENT *)malloc(n*sizeof(struct student));
    ReadResult("result.txt",stud);
    // 输出学生信息
    Print(stud,n,m);
    free(stud);

    return 0;
}


// 函数说明:输入测试数据中 n 个学生的学号、姓名、性别、出生日期及 m 门课程成绩
// 存储到结构体数组中
// 形式参数:STUDENT 结构体指针 stud,整型变量 n 和 m
// 返回值:void,无返回值
void Input(STUDENT *stud, int n,int m)
{

}


// 函数说明:将 n 个学生的学号、姓名、性别、出生日期及 m 门课程成绩的总分和平均分、
// 排名输出到屏幕上
// 形式参数:STUDENT 结构体指针 stud,整型变量 n 和 m
// 返回值:void,无返回值
void Print(STUDENT *stud, int n,int m)
{

}


// 函数说明:统计测试数据中 n 个学生 m 门课程的总分和平均分,存储到结构体数组中
// 形式参数:STUDENT 结构体指针 stud,整型变量 n 和 m
// 返回值:void,无返回值
void TotalAndAverage(STUDENT *stud, int n,int m)
{

}


// 函数说明:根据总分排名,将排名结果存储到结构体数组中
// 形式参数:STUDENT 结构体指针 stud,整型变量 n 和 m
// 返回值:void,无返回值
void RankByTotal(STUDENT *stud, int n,int m)
{
    int i,j,k;
    for(i=0;i<n-1;i++)
    {
        k = i;
        for(j=i+1;j<n;j++)
            if(stud[j].total>stud[k].total)
```

```
            k = j;
        if(k != i)
        {
            STUDENT temp = stud[i];
            stud[i] = stud[k];
            stud[k] = temp;
        }
        stud[i].rank = i+1;
        if(i>0 && stud[i].total == stud[i-1].total)
            stud[i].rank = stud[i-1].rank;
    }
    stud[n-1].rank = n;
    if(n-1>0 && stud[n-1].total == stud[n-2].total)
        stud[n-1].rank = stud[n-2].rank;
}


// 函数说明:将学生人数 n、课程门数 m、学生学号、姓名、性别、出生日期、各门课成绩
// 写入文件中
// 形式参数:字符指针 fileName,STUDENT 结构体指针 stud,整型变量 n 和 m
// 返回值:void,无返回值
void SaveStudInfo(const char *fileName,STUDENT *stud,int n,int m)
{
    //打开文本文件用于写操作
    //将 n,m 写入文件
    //将学生信息写入文件
    //关闭文件
}


// 函数说明:从文件中读取学生学号、姓名、性别、出生日期、成绩和文件的第一行存储的信息
// 包括学生人数 n 和课程门数 m
// 形式参数:字符指针 fileName,STUDENT 结构体指针 stud
// 返回值:void,无返回值
void ReadStudInfo(const char *fileName, STUDENT stud[])
{
    //定义文件指针,打开文本文件用于读操作
    //文件的第一行存储的信息包含了 n 和 m,即学生的人数 n 和课程门数 m
    //从文件中读取学生学号、姓名、性别、出生日期、成绩
    //关闭文件
}


// 函数说明:将学生成绩的统计信息保存到文件中
// 形式参数:字符指针 fileName,STUDENT 结构体指针 stud,整型变量 n 和 m
// 返回值:void,无返回值
void SaveResult(const char *fileName, STUDENT stud[],int n,int m)
{
    //向 fileName 表示的文本文件中写入统计信息
    //打开文本文件用于写操作
    //将统计信息写入文件
```

```
        //关闭文件
    }

    // 函数说明:从文件中读取统计信息
    // 形式参数:字符指针 fileName,STUDENT 结构体指针 stud
    // 返回值:void,无返回值
    void ReadResult(const char *fileName,STUDENT *stud)
    {
        //读取 fileName 表示的文本文件中的统计信息
        //打开文本文件用于读操作
        //读取统计信息
        //关闭文件
    }
```

16.5 典型错误辨析

1. 使用动态内存结束后忘记释放,造成内存泄漏。

内存泄漏是指系统动态分配的空间在使用完之后未释放,而造成动态内存的部分空间无法再被使用的现象。

由于动态内存空间是程序在执行过程中根据需要调用 alloc、malloc 等函数申请使用的,所以在使用结束后需要调用 free 函数释放这些使用的空间。程序不会在执行结束后自动释放其使用的动态内存空间。如果程序申请使用的动态内存空间较少,那么在程序执行过程中感受不到有什么副作用。但是当程序申请的动态内存空间比较大,并且反复执行时,如果不释放使用的动态内存空间,那么程序每执行一次,系统就要重新申请新的内存空间,而以前分配的空间又没有释放,这样就会逐渐使用完所有的内存空间。当动态内存空间耗尽后,系统既不能再执行该程序,也无法执行其他的程序,计算机进入"崩溃"的状态。这时只有重启计算机,收回所有的已分配空间,计算机才可正常使用。

建议修改方法:在使用 alloc、malloc 等函数申请动态内存时,每写一条申请内存的语句,就写一条对应的释放内存语句,然后再将该语句调整到合适的位置处,这样即使程序再长,也不会遗忘对动态内存的释放了。

2. 对结构体变量中的字符数组成员直接赋值或操作。

直接用赋值语句对结构体变量中的字符数组成员进行赋值,或者直接用关系运算符"=="对两个字符串进行大小比较,这些都会产生编译错误。在程序中,结构体变量中的字符数组成员依然是一个数组,而不是普通变量,因此在操作时不能按普通变量的方式进行赋值、比较。

建议修改方法:涉及处理字符串时,一律使用字符串处理函数,并在源文件开头将包含字符串处理函数的头文件 string.h,用预处理命令#include <string.h>包含在本程序中。

3. 函数参数设置混乱,参数传递失败。

当解决较复杂的问题时,需要设置不同的功能模块。在对功能模块进行切分时,要遵循功能单一、方便复用的原则,尽可能不要将不同的功能放到一个函数中实现,这不利于代码复用。

在用函数实现功能模块时，需清楚函数参数是传递数值还是地址，函数调用结束后需返回一个值还是多个值。传递地址需要将参数设置为数组或指针，当函数调用结束后需返回多个值时，可通过增加数组或指针型参数实现，也可设置全局变量实现，但全局变量设置多了会造成数据使用混乱不清，应尽可能少用全局变量。

有的初学者在处理复杂的程序设计问题时，没有正确地分解功能模块，实现的函数功能不独立，或者设置了很多不该使用的参数。在主调函数中无法正确调用被调函数，程序不能实现设计功能。

建议修改方法：在编程前，通过绘制流程图等方式，将每个功能模块的输入、输出、何时调用、被谁调用这些问题分析清楚后，再开始编写程序。例如，本实验中共需要实现8个自定义函数，每个函数都有不同的形式参数。如何设计这些函数的功能，应该使用哪些参数，不是看到实验题目就能一下子写出来的。必须经过缜密设计，才能减少编程中出现的问题。

16.6　参考实验课题

1. 某一学校的学生信息包括学号、姓名、性别、出生日期（年、月、日）、4门课程（数学、英语、物理、程序设计）的课程成绩。

编程计算每个学生4门课程的平均成绩，将学生的各科成绩及平均成绩输出到文件score.txt中，然后从文件score.txt中读取每个学生的学号、姓名、性别、出生日期、各科成绩及平均成绩，并输出到屏幕上。

2. 英语演讲比赛现场统分。已知有n个选手参赛，m(m>2)个评委为参赛选手评分（最高100分，最低0分）。统分规则为：在每个选手的m个得分中，去掉一个最高分和一个最低分后，取剩余得分的平均分作为该选手的最后得分。要求编程实现：

（1）根据n个选手的最后得分，从高到低输出选手的得分名次表，以确定获奖名单。

（2）根据各选手的最后得分与各评委给该选手所评分数的差距，对每名评委的准确性和评分水准给出一个定量的评价，从高到低输出各评委打分水平的名次表。

3. 编程实现个人财务记录小程序。

学生的生活以学习为主，没有收入，但日常生活中开支依然很多，包括饮食、通信、学习、运动等。为了清楚地掌握财务状况，请编程实现一个财务记录小程序，可以记录每天的开支情况、开支种类，并能按月统计开支的总数，以及在各个项目上的开支占比情况。

设计一个简单的对话界面，便于数据的录入和统计情况的显示。

附录

附录 A　综合练习试卷

参考试卷一

一、选择题(每题 1 分,共 30 分)

1. 下面说法正确的是(　　)。
   (A) 结构化程序的基本结构有 3 种,分别是循环结构、选择结构和顺序结构
   (B) 计算机只能执行顺序结构的 C 语言源程序
   (C) 循环结构无法使用 N-S 流程图描述
   (D) 一般称含有 20 条以内语句的算法为简单算法,超过 20 条则不可能是简单算法

2. 下面说法正确的是(　　)。
   (A) 只要程序使用基本结构编写,运行时就不会出错
   (B) main( )函数是每一个 C 语言程序必须定义的
   (C) 任何函数只能有一种基本结构
   (D) 任何复杂问题都可以只使用 3 种基本结构来解决

3. 以下叙述中正确的是(　　)。
   (A) C 语句必须在一行内写完
   (B) C 程序中的每一行只能写一条语句
   (C) C 语言程序中的注释必须与语句写在同一行
   (D) 简单 C 语句必须以分号结束

4. 以下选项中关于 C 语言常量的叙述错误的是(　　)。
   (A) 经常被使用的变量可以定义成常量
   (B) 常量分为整型常量、实型常量、字符常量和字符串常量
   (C) 常量可分为数值型常量和非数值型常量
   (D) 所谓常量,是指在程序运行过程中,其值不能被改变的量

5. 以下选项中,不合法的 C 语言用户标识符是(　　)。
   (A) a_b　　　　(B) AaBc　　　　(C) a - - b　　　　(D) _1

6. 若变量均已正确定义并赋值,则以下 C 语言赋值语句中合法的是(　　)。
   (A) x = y = = 5;　　　　　　　　(B) x = n%2.5;
   (C) x+n = i;　　　　　　　　　(D) x = 5 = 4+1;

7. 有以下定义语句,编译时会出现编译错误的是(　　)。
   (A) char a = '\x2d';　　　　　　(B) char a = '\n';
   (C) char a = 'a';　　　　　　　(D) char a = "aa";

8. 有如下程序：

```
#include <stdio.h>
int main(void)
{
    char* msg = "Hello";
    int x = 012;
    printf("%s, X =%d.\n", msg, x+1);
    return 0;
}
```

程序运行后的输出结果是(　　　)。

(A) Hello,X = 11.　　　　　　　　(B) He,X = 13.

(C) HelX = 121.　　　　　　　　　(D) Hello,X = 013.

9. 设有定义"int a;float b;"，执行"scanf("%2d%f", &a, &b);"语句时，若从键盘输入

```
876 543.0<回车>
```

则 a 和 b 的值分别是(　　　)。

(A) 87 和 6.0　　　　　　　　　　(B) 876 和 543.0

(C) 87 和 543.0　　　　　　　　　(D) 76 和 543.0

10. 下面说法正确的是(　　　)。

(A) 文件指针变量的值是文件当前正在处理的字节地址

(B) 文件指针变量的值是文件中包含的字符个数

(C) 文件指针的类型是一种指针类型

(D) 文件指针的类型是结构体类型

11. 当整型变量 c 的值不为 2、4、6 时，值也为"真"的表达式是(　　　)。

(A) (c>=2&&c<=6)&&(c%2!=1)

(B) (c==2)‖(c==4)‖(c==6)

(C) (c>=2&&c<=6)&&!(c%2)

(D) (c>=2&&c<=6)‖(c!=3)‖(c!=5)

12. 若有以下定义，则以下表达式的值为 3 的是(　　　)。

```
int k = 7,x = 12;
```

(A) x%=(k%=5)　　　　　　　　(B) x%=(k-k%5)

(C) (x%=k)-(k%=5)　　　　　　　(D) x%=k-k%5

13. 对于 if(表达式)语句，以下说法正确的是(　　　)。

(A) "表达式"的值只能是整数值

(B) 在"表达式"中不能调用返回整数的函数

(C) 在"表达式"中不能含有函数调用

(D) "表达式"可以是算术表达式

14. 有以下计算公式：

$$y = \begin{cases} \sqrt{x} & (x \geq 0) \\ \sqrt{-x} & (x < 0) \end{cases}$$

若程序前面已通过预编译包含 math.h 文件,不能正确计算上述公式的程序段是(   )。

(A) if(x>=0) y=sqrt(x);
      if(x<0) y=sqrt(-x);

(B) if(x>=0) y=sqrt(x);
      else y=sqrt(-x);

(C) y=sqrt(x);
      if(x<0) y=sqrt(-x);

(D) y=sqrt(x>=0?x:-x);

15. 有以下程序：

```c
#include <stdio.h>
int main(void)
{
    int y = 10;
    while(y--);
    printf("y=%d\n",y);
    return 0;
}
```

程序执行后的输出结果是(   )。

(A) y=-1;

(B) y=0;

(C) y=1;

(D) while 构成无限循环

16. 有以下程序：

```c
#include <stdio.h>
int main(void)
{
    int i;
    for(i=1;i<=40;i++)
    {
        if (i++%5 == 0)
            if (++i%8 == 0)
                printf("%d",i);
    }
    printf("\n");
    return 0;
}
```

程序执行后的输出结果是(   )。

(A) 5   (B) 24   (C) 32   (D) 40

17. 有以下程序：

```c
#include <stdio.h>
```

```
int main(void)
{
    int s;
    scanf("%d",&s);
    while(s>0)
    {
        switch(s)
        {
            case 1: printf("%d",s+5);
            case 2: printf("%d",s+4);break;
            case 3: printf("%d",s+3);
            default: printf("%d",s+1);break;
        }
        scanf("%d",&s);
    }
    return 0;
}
```

运行时,若输入"1 2 3 4 5 0<回车>",则输出结果是(   )。

   (A) 66656   (B) 6566456   (C) 66666   (D) 6666656

18. 有以下程序:

```
#include <stdio.h>
int f(int x)
{
    int y;
    if(x==0||x==1) return(3);
    y = x*x-f(x-2);
    return y;
}
int main(void)
{
    int z;
    z = f(3);
    printf("%d\n", z);
}
```

程序运行后的输出结果是(   )。

   (A) 0   (B) 9   (C) 6   (D) 8

19. 设有如下程序段:

```
int a[2] = {0};
int b[] = {0,0,1};
char c[] = {"A"};
char d = "\0";
```

以下叙述中正确的是(   )。

   (A) a、b 的定义合法,c、d 的定义不合法

（B）所有定义都是合法的

（C）只有 d 的定义不合法,其余定义均合法

（D）只有 a 的定义合法,其余定义均不合法

20. 以下涉及字符串数组、字符指针的程序段,没有编译错误的是( )。

（A）char *str, name[3];
        str="name";

（B）char * str, name[5];
        name="name";

（C）char str1[7]="prog. c\0", str2[7];
        str2=str1;

（D）char line[10];
        line="/****/";

21. 有以下程序:

```
#include <stdio.h>
void f(int *q)
{
    int i = 0;
    for(;i<5;i++)  (*q)++;
}
int main(void)
{
    int a[5] = {1,2,3,4,5},i;
    f(a);
    for(i=0;i<5;i++) printf("%d,",a[i]);
    return 0;
}
```

程序运行后的输出结果是( )。

（A）6,2,3,4,5   （B）2,2,3,4,5,

（C）1,2,3,4,5,   （D）2,3,4,5,6,

22. 有以下程序:

```
#include <stdio.h>
int main(void)
{
    int i,m;
    int s[4][4] = {1,2,3,4},{11,12,13,14},{21,22,23,24},{31,32,33,34}};
    m = s[0][0];
    for(i=1;i<4;i++)
        if(s[i][0]>m)
            m = s[i][0];
    printf("%d\n",m);
    return 0;
}
```

程序运行后的输出结果是(　　)。

    (A) 4   (B) 34   (C) 31   (D) 32

23. 以下选项中正确的语句组是(　　)。

    (A) char * s; s = {"BOOK!"};   (B) char * s; s = "BOOK!";

    (C) char s[10]; s = "BOOK!";   (D) char s[]; s = "BOOK!";

24. 有以下程序:

```c
#include <stdio.h>
#include <string.h>
int main(void)
{
    int len = strlen("\0\t123456");
    printf("%d",len);
    return 0;
}
```

程序运行后的输出结果是(　　)。

    (A) 1   (B) 0   (C) 8   (D) 10

25. 若有定义语句:

```c
char *s1 = "OK",*s2 = "ok";
```

以下选项中,能够输出"OK"的语句是(　　)。

    (A) if (strcmp(s1,s2)!=0) puts(s2);

    (B) if(strcmp(s1, s2)!=0) puts(s1);

    (C) if (strcmp(s1,s2)==1) puts(s1);

    (D) if (strcmp(s1,s2)==0) puts(s1);

26. 对于函数声明:

```c
void fun(int a[1], int *b);
```

以下叙述中正确的是(　　)。

    (A) 函数参数 a,b 都是指针变量

    (B) 声明有语法错误,参数 a 的数组大小必须大于 1

    (C) 调用该函数时,形参 a 仅复制实参数组中的第一个元素

    (D) 调用该函数时,a 的值是对应实参数组的内容,b 的值是对应实参的地址

27. 有以下程序,程序中的库函数 islower(ch)用来判断 ch 中的字母是否为小写字母。

```c
#include <stdio.h>
#include <ctype.h>
void fun(char *p)
{
    int i = 0;
    while(p[i])
```

```
    {
        if(p[i]==' '&& islower(p[i-1]))
            p[i-1] = p[i-1]-'a' +'A';
        i++;
    }
}
int main(void)
{
    char s1[100] = "ab cd EFG!";
    fun(s1);
    printf("%s\n", s1);
    return 0;
}
```

程序运行后的输出结果是(   )。

(A) ad cd EFg!   (B) Ab Cd EFg!

(C) ab cd EFG!   (D) aB cD EFG!

28. 有以下程序：

```
#include <stdio.h>
int fun(int x[], int n)
{
    static int sum = 0, i;
    for(i=0; i<n; i++) sum += x[i];
    return sum;
}
int main(void)
{
    int a[] = {1,2,3,4,5},b[] = {6,7,8,9},s = 0;
    s = fun(a, 5)+fun(b, 4);
    printf("%d\n", s);
    return 0;
}
```

程序执行后的输出结果是(   )。

(A) 55   (B) 50   (C) 45   (D) 60

29. 有以下程序：

```
#include <stdio.h>
int main(void)
{
    FILE*fp;
    int k,n,a[6] = {1,2,3,4,5,6};
    fp = fopen("d2.dat", "w");
    fprintf(fp, "%d%d%d\n", a[0], a[1], a[2]) ;
    fprintf(fp, "%d%d%d\n", a[3], a[4], a[5]) ;
    fclose(fp) ;
    fp = fopen("d2.dat","r");
```

```
        fscanf(fp, "%d%d",&k,&n);
        printf("%d %d\n",k,n);
        fclose(fp);
        return 0;
}
```

程序运行后的输出结果是(　　　)。

  (A) 1 2   (B) 1 4   (C) 123 4   (D) 123 456

30. 设有以下语句：

```
typedef struct TT
{ char c; int a[4];} CIN;
```

下面叙述中正确的是(　　　)。

  (A) CIN 是 struct TT 类型的变量   (B) TT 是 struct 类型的变量

  (C) 可以用 TT 定义结构体变量   (D) 可以用 CIN 定义结构体变量

二、程序填空题(每空 2 分,共 10 分)

1. 若运行时输入：100<回车>,则以下程序的运行结果是_____。

```
#include <stdio.h>
int main(void)
{
    int a;
    scanf("%d", &a);
    printf("%s", (a%2 != 0) ?"no": "yes");
    return 0;
}
```

2. 下面程序的运行结果是_____。

```
#include <stdio.h>
int main(void)
{
    int i = 0,j = 4;
    for (i=j;i<=2*j;i++)
        switch(i/j)
        {
            case 0:
            case 1: printf(" * ");break;
            case 2: printf(" # ");
        }
    return 0;
}
```

3. 函数 fun 的功能是：将 s 所指字符串中的所有数字字符移到所有非数字字符之后,并保持数字字符串和非数字字符串原有的次序。

  例如,s 所指的字符串为"def35adh3kjsdf7",执行后结果为"defadhkjsdf3537"。

请在程序的横线处填入正确的内容,使程序能实现预期的功能。

```c
#include <stdio.h>
void fun(char * s)
{
    int i, j = 0, k = 0; char t1[80], t2[80];
    for(i=0;s[i]!='\0';i++)
        if(s[i]>='0'&&s[i]<='9')
        {
            t2[j] = s[i];_____;
        }
        else
            t1[k++] = s[i];
    t2[j] = 0;t1[k] = 0;
    for(i=0;i<k;i++)_____;
    for(i=0;i<_____;i++)
        s[k+i] = t2[i];
}
int main(void)
{
    char s[80] = "ba3a54j7sd567sdffs";
    printf("\nThe original string is : %s\n", s);
    fun(s);
    printf("\nThe result is : %s\n", s);
    return 0;
}
```

三、程序修改题(共 10 分)

下面的程序中,函数 fun 的功能是: 用冒泡法对 6 个字符串进行升序排列。
请改正程序中的错误,使它能得出正确的结果。

```c
#include <stdio.h>
#include <string.h>
#define MAXLINE 20

fun( char * pstr[6])
{
    int i,j;
    char * p;
    for(i=0;i<5;i++)
    {
/* * * * * * * * * * found * * * * * * * * * */
        for(j=i+1,j<6,j++)
        {
            if(strcmp(*(pstr + i), *(pstr + j)) > 0)
                p = *(pstr+ i);
/* * * * * * * * * * found * * * * * * * * * */
            *( pstr + i) = pstr+j;
            *( pstr + i) = p;
```

```
        }
      }
    }
int main(void)
{
    int i;
    char *pstr[6], str[6][MAXLINE];

    for(i=0;i<6;i++)  pstr[i]=str[i];
    printf("\nEnter 6 string(1 string at each line): \n");
    for(i=0;i<6; i++)  scanf("%s", pstr[i]);
    fun(pstr);
    printf("The strings after sorting: \n");
    for(i=0; i<6; i++)  printf("%s\n",pstr[i]);

    return 0;
}
```

四、程序设计题(第 1 题、第 2 题各 10 分,第 3 题、第 4 题各 15 分,共 50 分)

1. 编写程序,实现如下的函数关系,对输入的每个 x 值,计算相对应的 y 值。

$$y=\begin{cases}0, & x<0 \\ x, & 0<x\leqslant 10 \\ 10, & 10<x\leqslant 20 \\ -0.5x+20, & x>20\end{cases}$$

2. 每个苹果 1.2 元,第一天买 2 个苹果,第二天开始,每天都买前一天的 2 倍个数,如果要购买的苹果个数超过 100 就结束。编写程序求每天买苹果的平均开销。

3. 编写程序实现一个主函数和一个子函数,主函数在前。子函数 fun 的功能是:交换两个整数的值。主函数的功能是从键盘输入两个整数,调用子函数交换,并输出。

例如,若输入整数"3 6",则输出为"6 3"。

4. 请编写函数 fun,实现如下功能:求 ss 所指字符串中指定字符的个数,并返回此值。

例如,若输入字符串 123412132,输入字符为 1,则输出 3。

自己编写 main 函数,调用 fun 进行验证。

参考试卷二

一. 选择题(每题 1 分,共 30 分)

1. 以下选项中关于程序模块化的叙述错误的是(　　)。

(A) 可采用自底向上、逐步细化的设计方法把若干独立模块组装成所要求的程序

（B）把程序分成若干相对独立、功能单一的模块,可便于重复使用这些模块

（C）把程序分成若干相对独立的模块,可便于编码和调试

（D）可采用自顶向下、逐步细化的设计方法把若干独立模块组装成所要求的
程序

2. 以下叙述中错误的是( )。

（A）算法正确的程序可以有零个输入

（B）算法正确的程序最终一定会结束

（C）算法正确的程序可以有零个输出

（D）算法正确的程序对于相同的输入一定有相同的结果

3. 以下不合法的数值常量是( )。

（A）8.0E0.5 （B）1e1 （C）011 （D）0xabcd

4. 以下关于 C 语言数据类型使用的叙述中错误的是( )。

（A）若要处理如"人员信息"等含有不同类型的相关数据,可使用结构体类型

（B）若要保存带有多位小数的数据,可使用双精度类型

（C）若只处理"真"和"假"两种逻辑值,应使用逻辑类型

（D）整数类型表示的自然数是准确无误差的

5. 若有定义语句"int x = 10;",则表达式 x-=x+x 的值为( )。

（A）0 （B）-20 （C）-10 （D）10

6. 若有定义"int a = 5,b = 8;",则以下表达式的逻辑值为假的是( )。

（A）a‖b （B）a%b （C）a&&b （D）a/b

7. 设 x,y 都是 float 型变量,则以下不合法的赋值语句是( )。

（A）x++; （B）x * = y+8;

（C）x = y = 0; （D）y = (x%2)/10;

8. sizeof(float)是( )。

（A）一种函数调用 （B）一个整型表达式

（C）一个双精度型表达式 （D）一个不合法的表达式

9. 设以下变量都是 int 类型,则下列表达式中值不等于 7 的是( )。

（A）x = y = 6,x+y,x+1 （B）x = y = 6,x+y,y+1

（C）x = 6,x+1,y = 6,x+y （D）y = 6,y+1,x = y,x+1

10. 下列关于 C 语言文件的叙述中正确的是( )。

（A）文件由一系列数据依次排列组成,只能构成二进制文件

（B）文件由结构序列组成,可以构成二进制文件或文本文件

（C）文件由数据序列组成,可以构成二进制文件或文本文件

（D）文件由字符序列组成,其类型只能是文本文件

11. 设有定义"int x; float y;",在执行"scanf("%3d%f",&x,&y);"语句时,若从第
一列开始输入的数据是"12345 678<回车>",则 x 和 y 的值是( )。

（A）12345 无定值 （B）123 45.000000

（C）345 123.000000   （D）45 678.000000

12. 若变量已正确定义,在"if(W) printf("%d\n",k);"中,以下不可替代 W 的是(   )。

    （A）a< >b+c   （B）ch ＝ getchar( )

    （C）a＝＝b+c   （D）a++

13. 下面程序的执行结果是(   )。

```
#include <stdio.h>
void main( )
{
    int a = 2, b = 4, c = 6;
    int x, y;
    y = ((x=a+b),(b+c));
    printf("x=%d,y=%d\n", x, y);
}
```

    （A）x＝2,y＝10   （B）x＝6,y＝10

    （C）x＝6,y＝6   （D）x＝8,y＝10

14. 有如下程序段:

```
int a,b,c;
a = 1;b = 2;c = 2;
while(a<b<c) {t = a;a = b;b = t;c--;}
printf("%d,%d,%d",a,b,c);
```

该段程序的执行结果为(   )。

    （A）1,2,0   （B）2,1,0   （C）1,2,1   （D）2,1,1

15. 有如下程序段:

```
int x = -1;
do
{ x = x*x;
}while(!x);
```

该段程序(   )。

    （A）是死循环   （B）循环执行一次

    （C）循环执行两次   （D）有语法错误

16. 有如下程序段:

```
for (x=1;x<=100;x++)
{
    scanf("%d",&y);
    if (y<0) continue;
    printf("%3d",x);
}
```

该段程序(   )。

（A）当 y>=0 时什么也不输出　　　　（B）当 y<0 时整个循环结束

（C）最多可以输出 100 个非负整数　　（D）printf 函数不会被执行

17. 以下叙述中错误的是(　　)。

（A）用户定义的函数中可以没有 retun 语句

（B）用户定义的函数中可以有多个 return 语句,以便可以调用一次返回多个函数值

（C）用户定义的函数中若没有 return 语句,则应当定义函数为 void 类型

（D）函数的 return 语句中可以没有表达式

18. 有以下程序:

```
#include <stdio.h>
void fun(char *c,int d)
{
    *c = *c+1;
    d = d+1;
    printf("%c,%c,",*c,d);
}
int main(void)
{
    char b = 'a', a = 'A';
    fun(&b, a);
    printf("%c, %c\n", b, a);
    return 0;
}
```

程序运行后的输出结果是(　　)。

（A）b,B,b,A　　　（B）b,B,B,A　　　（C）a,B,B,a　　　（D）a,B,a,B

19. 有以下程序:

```
#include <stdio.h>
int fun(int n)
{
    if (n==1)
        return 1;
    else
        return(n+fun(n-1));
}
int main(void)
{
    int x;
    scanf("%d", &x);
    x = fun(x);
    printf("%d\n", x);
    return 0;
}
```

执行程序时,给变量 x 输入 10,程序运行后的输出结果是(　　)。

    (A) 55　　　　　　(B) 54　　　　　　(C) 65　　　　　　(D) 45

20. 有以下程序:

```c
#include <stdio.h>
int f(int m)
{
    static int n = 0;
    n +=m;
    return n;
}
int main(void)
{
    int n = 0;
    printf("%d,",f(++n));
    printf("%d\n",f(n++));
    return 0;
}
```

程序运行后的输出结果是(　　)。

    (A) 3,3　　　　　(B) 1,1　　　　　(C) 2,3　　　　　(D) 1,2

21. 下列选项中,能正确定义数组的语句是(　　)。

    (A) int num[0..2008];　　　　　　(B) int num[ ];

    (C) int N = 2008;　　　　　　　　(D) #define N 2008

        int num[N];　　　　　　　　　　int num[N];

22. 以下函数实现按每行 8 个数来输出 w 所指数组中的数据:

```c
#include <stdio.h>
void fun(int *w, int n)
{
    int i;
    for(i=0;i<n;i++)
    {
        _____
        printf("%d", w[i]);
    }
    printf("\n");
}
```

在横线处应填入的语句是(　　)。

    (A) if(i/8 == 0)　printf("\n");　　(B) if(i/8 == 0)　continue;

    (C) if(i%8 == 0)　printf("\n");　　(D) if(i%8 == 0)　continue;

23. 有以下程序:

```c
#include <stdio.h>
#include <string.h>
```

```
void fun (char *c)
{
    while(*c)
    {
        if(*c>='a' && *c<='z')
            *c = *c - ('a'-'A');
        c++;
    }
}
int main(void)
{
    char s[81];
    gets(s);
    fun(s);
    puts(s);
    return 0;
}
```

当执行程序时从键盘上输入"Hello Beijing<回车>",则程序运行后的输出结果
是(   )。

    (A) hello beijing   (B) Hello Beijing

    (C) HELLO BEIJING   (D) hELLO Beijing

24. 有以下程序(strcat 函数用于连接两个字符串):

```
#include <stdio.h>
#include <string.h>
int main(void)
{
    char a[20] = "ABCD\0EFG\0",b[] = "IJK";
    strcat(a,b);
    printf("%s\n",a);
    return 0;
}
```

程序运行后的输出结果是(   )。

    (A) IJK   (B) ABCDE\0EFG\0IJK

    (C) ABCDIJK   (D) EFGIJK

25. 有以下程序:

```
char name[20];
int num;
scanf("name=%s num=%d",name,&num);
```

当执行上述程序段,并从键盘输入"name = Lili num = 1001<回车>"后,name 的值
为(   )。

    (A) name = Lili num = 1001   (B) name = Lili

    (C) Lili num =   (D) Lili

26. 有以下程序：

```
#include <stdio.h>
int main(void)
{
    char ch[ ] = "uvwxyz",*pc;
    pc = ch;
    printf("%c\n",*(pc+5));
    return 0;
}
```

程序运行后的输出结果是(　　)。

(A) z   (B) 0
(C) 元素 ch[5]的地址   (D) 字符 y 的地址

27. 有以下程序：

```
#include <stdio.h>
int main(void)
{
    char s[ ] = {"012xy"};
    int i,n = 0;
    for(i=0;s[i]!=0;i++)
        if(s[i]>='a' && s[i]<='z')
            n++;
    printf("%d\n",n);
    return 0;
}
```

程序运行后的输出结果是(　　)。

(A) 0   (B) 2   (C) 3   (D) 5

28. 有以下程序：

```
#include <stdio.h>
#include <stdlib.h>
void main(void)
{
    int a [100],i;
    FILE*fp;
    for(i=0;i<20;i++)
        a[i] = rand()%100+1;
    fp = fopen("data.txt", "w+b");
    fwrite(a, sizeof(int), 20, fp);
    fclose(fp);
}
```

其中,rand()是随机数生成函数,当程序成功打开文件并成功写入数据后,下面说法中正确的是(　　)。

(A) 向文件写入了 20 个 int 型数据

（B）向文件写入了 100 个 int 型数据

（C）向文件写入了 1 个 int 型数据

（D）向文件写入了 20 个随机实型数据

29. 若有如下定义和语句：

```
typedef struct
{
    int n;
    double dt;
} IANDF, * PIF;
PIF p = (PIF)malloc(sizeof( IANDF));
```

则下面说法中正确的是（   ）。

（A）指针变量 p 指向结构体存储单元的首地址

（B）指针变量 p 指向了 IANDF

（C）IANDF 与 PIF 都有各自的存储单元

（D）LANDF 和 PIF 都可以作为结构体变量名使用

30. 有以下程序：

```
#include <stdio.h>
struct ord
{   int x,y; } dt[2] = {1,2,3,4};
int main(void)
{
    struct ord *p = dt;
    printf("%d,",++(p->x));
    printf("%d\n",++(p->y));
    return 0;
}
```

程序运行后的输出结果是（   ）。

（A）3,4　　　　　（B）4,1　　　　　（C）2,3　　　　　（D）1,2

二、程序填空题（每空 2 分，共 10 分）

1. 若 i,j 已定义为 int 类型，则以下程序段中内循环的总的执行次数是_____。

```
for (i=5;  i;  i--)
    for(j=0; j<4; j++)
    {...}
```

2. 在执行下述程序时，若从键盘输入"6,2"，则输出结果是_____。

```
void main(void)
{
    int a,b,k;
    scanf("%d,%d",&a, &b);
```

```
        k = a;
        if(a<b) k = a%b;
        else k = b%a;
        printf("%d",k);
}
```

3. 下面的程序执行后,文件 test. t 中的内容是_____。

```
#include <stdio.h>
void fun(char *fname,char *st)
{
    FILE *myf; int i;
    myf = fopen(fname,"w" );
    for(i=0;i<strlen(st); i++) fputc(st[i],myf);
    fclose(myf);
}
int main(void)
{
    fun("test.t","new world");
    fun("test.t","hello");
    return 0;
}
```

4. 有以下程序:

```
#include <stdio.h>
int fun(int n) {
    if(n==1) return 1;
    else return(n+fun(n-3));
}
int main(void)
{
    int x;
    scanf("%d",&x);
    x = fun(x);
    printf("%d\n",x);
    return 0;
}
```

程序执行时,给变量 x 输入 10,程序的输出结果是_____。

5. 下面的函数利用指针变量交换两个数据,请在横线处补全语句。

```
void fun( double *a, double *b)
{
    double x;
    x = *a;_____; *b = x;
}
```

三、程序改错题(共 10 分)

下列 main 函数的功能是:计算并输出 n(包括 n)以内所有能被 3 或 7 整除的自然数

的倒数之和。例如,在 main 函数中从键盘给 n 输入 30 后,输出为:sum = 1.226323。

请找出程序中两条分隔线之间存在的 5 处错误,并写出正确的语句。

```
#include <stdio.h>
void main(void)
{
    int i, n;
    double sum = 0.0;
    printf("\nInput n:");
    /*************found**************/
    scanf("%f",&n);
    for(i=1; i<n; i++)
        if(i%3==0 | i%7==0)
            sum += 1/i;
    printf("\n\nsum=%d\n",sum);
    /*************found**************/
}
```

四、程序设计题(第 1 题、第 2 题各 10 分,第 3 题、第 4 题各 15 分,共 50 分)

1. 输入一行数字字符(用回车结束),每个数字字符的前后都有空格。请编写程序,把这一行数字转换成一个整数。例如,若输入"2 4 8 5",则输出整数"2485"。

2. 编写程序解决"百钱买百鸡问题",即公鸡 5 元 1 只,母鸡 3 元 1 只,小鸡 3 只 1 元,用 100 元买 100 只鸡,公鸡、母鸡、小鸡各多少只?请编写程序输出所有可能的解。

3. 编写程序实现本班 20 名学生信息(学号、姓名、1 门课程成绩)的键盘录入、按成绩由高到低的排序和输出工作。首先,编写程序完成对所有学生信息的键盘输入;然后实现按成绩由高到低的排序;最后将排序后的学生信息输出到显示屏上。

4. 编写程序实现:在主函数中输入一串字符,在子函数中统计其中大写字母的出现次数和数字字符的出现次数,并在主函数中输出统计结果。

例如,输入一串字符:"Happy New Year!   2021!   Goodbye!   2020!"

输出为:大写字母:4 次   数字:8 次

附录 B C 语言中常见的编译错误

初学 C 语言编程的读者,在实践中经常会遇到各种各样的问题。一种常见的问题就是在编译后发现程序出错了。由于编译环境多是英文版本,编译系统给出的提示信息也是英文提示,有的读者可能无法准确理解错误的原因。即使使用的是中文版本的编译环境,由于提示信息较为抽象,初学者可能不知所云。这些问题的存在,使得编写 C 语言程序成为一件非常让人"挠头"的事。

本附录收集了多个编译环境(VS2010、Dev C++等)中的编译错误信息,给出了中英文对照提示,并解释了改正方法,供读者在编程时参考。

由于程序中出现相同的错误时,不同编译器给出的提示信息可能不同,本附录按照错误类型对这些错误信息进行了划分。希望读者在使用时,能预判错误的类型再查找具体的错误修改方式,这样多次练习后,才能变"不知所云"为"头头是道",提高编程效率。

一、错误位置的指示

编译器在编译代码时,会发现很多问题。这些问题根据类型和严重程度不同,可以分为编译错误、连接错误和编译告警等。有错误时,无法生成可执行代码。仅有告警时,可以生成可执行代码。

在编译环境中,可以直观地显示出编译出错的代码位置。这时,可双击编译消息窗口的对应消息,编辑窗口就可以弹出相应的代码并显示"出错"的语句。"出错"的语句会被标注高亮,这便于编程人员聚焦到特定的代码上。这里"出错"加了引号,表示很多时候并不是高亮的这一行代码出错了,还需要编程人员对该行之前的代码进行分析。例如,图 B-1 中出错的语句是 scanf( )所在语句(高亮语句上面的一行),那里少了一个分号,但编译器却让 fp = fopen( )这条语句高亮了。

二、错误的详细说明

1. 文件整体错误

错误 1:

英文提示: error count exceeds number; stopping compilation

中文提示: (编译)错误太多,停止编译

改正方法:

逐条修改错误语句,再次编译

错误 2:

英文提示: unexpected end of file found

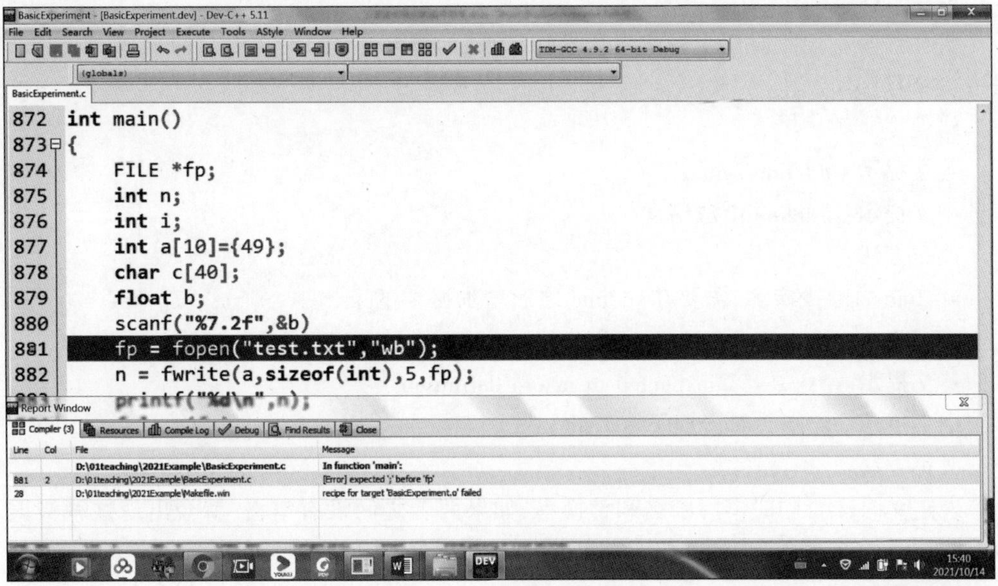

图 B-1　编译错误的提示

中文提示：文件未结束

改正方法：

当需要配对使用的符号没有配对出现时，经常会出现这个错误提示。例如，一个函数或者一个结构定义缺少"｝"，或者在一个函数调用或表达式中缺少了一侧的括号，或者注释符"/ * … * /"不完整等。检查文件中配对符号的完整性，补全符号。

错误 3：

英文提示：unable to recover from previous error(s)；stopping compilation

中文提示：无法从之前的错误中恢复，停止编译

改正方法：

由于引起错误的原因很多，需要逐步修改之前的错误

2. 预编译错误

错误 1：

英文提示：Cannot open include file：'xxx'：No such file or directory

中文提示：无法打开头文件 xxx：没有这个文件或路径

改正方法：

若头文件不存在(例如，头文件名称拼写错误，不在查找路径中)或者文件为只读时，会出现这种错误提示。修改头文件名，确认头文件路径和名称正确，确认编译环境中对头文件的引用路径中包含有头文件。

错误 2：

英文提示：#include expected a filename，found 'identifier'

中文提示：#include 命令中需要文件名

改正方法：

头文件没有用一对双引号或尖括号括起来，检查#include 后文件名的书写，添加双引号或尖括号。

错误 3：

英文提示：#define syntax

中文提示：#define 语法错误

改正方法：

#define 后缺少宏名，需要在#define 之后增加必要的宏

错误 4：

英文提示：'xxx'：unexpected in macro definition

中文提示：宏定义时出现了意外的 xxx

改正方法：

宏定义时需要同时书写宏名和替换串，如果两者之间没有空格，就会出现这种错误。检查#define 之后的代码，确认宏名和替换串书写无误，中间有空格。

错误 5：

英文提示：reuse of macro formal 'identifier'

中文提示：带参宏的形式参数重复使用

改正方法：

宏定义中若有参数，则这些参数不能重名，否则在预编译过程中，编译器无法知道宏替换的方法。例如"#define s(a,a) (a * a)"中参数 a 就重复了。检查宏定义，修改重名的参数。

错误 6：

英文提示：'character'：unexpected in macro formal parameter list

中文提示：带参宏的形式参数表中出现未知字符

改正方法：

宏定义中如有参数，其参数的书写格式与函数类似，不能有不符合 C 语言标识符的符号和逗号出现，例如"#define s(a-) a-a * a"中参数多了一个字符"-"。

错误 7：

英文提示：preprocessor command must start as first nonwhite space

中文提示：预处理命令前面只允许有空格

改正方法：

每一条预处理命令都应独占一行，不应出现其他非空格字符

错误 8：

英文提示：expected preprocessor directive，found 'character'

中文提示：期待预处理命令，但有无效字符

改正方法：

每一条预处理命令的"#"号后必须跟预编译指令，如果误输入了其他无效字符就会

出现这类错误。检查预编译指令,删除无效字符。

3. 变(常)量定义错误

错误 1:

英文提示:newline in constant

中文提示:常量中包含新行

改正方法:

C 语言中不支持字符串常量多行书写,因此将多行字符串改成多个字符串,每个字符串只占一行。

错误 2:

英文提示:too many characters in constant

中文提示:常量中包含多个字符

改正方法:

字符型常量的单引号中只能有一个字符,或是以"\"开始的一个转义字符。当代码中的字符常量包含多个字符时,会出现这种错误。检查常量的定义,删除多余的字符。

错误 3:

英文提示:illegal escape sequence

中文提示:转义字符非法

改正方法:

转义字符"\"要位于单引号 ' ' 或双引号 " "之内。若代码中的转义字符写在了引号之外,则会出现这种错误。检查转义字符的书写,改变其位置,使其位于引号之内。

错误 4:

英文提示:unknown character

中文提示:未知的字符

改正方法:

在 C 语言的语句中,除了字符串外,一般语句中不能包含中文文字以及中文标点符号。如果用中文输入法输入代码,容易出现中文标点符号,造成这种错误。一般的编译环境中,合法的标点符号会用高亮的颜色指示。如果标点符号没有高亮颜色指示,就说明符号错误。仔细检查标点符号,将它们改成西文符号。

错误 5:

英文提示:expected exponent value, not 'character'

中文提示:期待指数值,不能是字符

改正方法:

浮点数的指数表示形式,在 e(E)之后需要有整数。如果是其他字符就会出现这种错误。检查浮点数值,修改 e(E)后非数字的字符。

错误 6:

英文提示:illegal digit 'x' for base 'n'

中文提示：对于 n 进制来说,数字 x 非法

改正方法：

n 进制中,数字的范围一般是 0~(n-1)。如果超过这个范围,就会出这种错误。一般会出现在八进制或十六进制数表示中。例如,"int i = 091;"语句中数字"9"就不可能出现在八进制表示中。

错误 7：

英文提示：'identifier1' : is not a member of 'identifier2'

中文提示：标识符 1 不是标识符 2 的成员

改正方法：

程序错误地调用或引用了结构体、共用体的成员。检查程序,对结构体、共用体的成员进行修改。

错误 8：

英文提示：too many initializers

中文提示：初始值过多

改正方法：

一般是数组初始化时初始值的个数大于数组长度,例如,"int b[2]={1,2,3};"。删除多余的初始值,或者增大数组的长度。

错误 9：

英文提示：'xxx' : redefinition

中文提示：标识符 xxx 重定义

改正方法：

变量名、数组名等标识符 xxx 重名了,需要检查程序中的标识符定义并改正。

错误 10：

英文提示：missing subscript

中文提示：下标未知

改正方法：

在访问数组时,只写了中括号,但中括号内没有写整型表达式,从而造成这样的错误。将中括号中的下标按照设计思路补全即可。

错误 11：

英文提示：'xxx' : array bounds overflow

中文提示：数组 xxx 边界溢出

改正方法：

一般是字符数组初始化时字符串长度大于字符数组长度,例如,"char str[4] = "abcd";"。增大字符数组的长度,可以解决这个错误。

错误 12：

英文提示：negative subscript or subscript is too large

中文提示：下标为负或下标太大

改正方法：

一般是定义数组或引用数组元素时下标不正确，有可能是输入错误引起的，比如"int a[10];"写成了"int a[-10];"。检查数组的定义和访问数组元素时的下标，将写错的下标改正过来。

错误13：

英文提示：'xxx' : unknown size

中文提示：数组 xxx 长度未知

改正方法：

一般是定义数组时未初始化也未指定数组长度，例如，"int a[];"。同时，在定义二维数组时未指定第二维的长度，例如，"int a[3][];"，也会造成出错。对程序中二维数组的两个维度长度进行检查，当有初始值时，第一个维度的长度可以省略，第二个维度的长度不能省略。建议定义二维数组时，指定所有维度的长度。

错误14：

英文提示：empty character constant

中文提示：字符型常量为空

改正方法：

字符型常量需要在一对单引号中包含一个字符。这个错误是因为单引号中没有任何字符。检查字符型常量的定义，补上适当的字符即可。如果要使用空字符，那么用转义字符"\0"或直接用整数 0 表示。

错误15：

英文提示：expected constant expression

中文提示：期待常量表达式

改正方法：

在需要使用常量表达式时，错误地使用了变量。例如，当定义数组时，数组长度用变量来声明，如语句"int n=10; int a[n];"就有这样的错误。检查定义，将变量改为常量。

错误16：

英文提示：constant expression is not integral

中文提示：常量表达式不是整数

改正方法：

在定义数组时，数组长度应该是整型常量。如果使用的常量表达式不是整数，则会出现这个错误。检查数组的定义，检查常量表达式并改正。

错误17：

英文提示：syntax error : 'xxx'

中文提示：'xxx'语法错误

改正方法：

引起这个错误的原因有很多，但大多数原因是符号 xxx 出错了，没有定义。检查 xxx 的定义和使用语句，改正错误。

错误 18：

中文提示：可变大小的对象不能被初始化

改正方法：

这种错误一般发生在用变量作为数组大小来初始化数组变量时；要避免这种情况出现，可以利用常量来初始化数组变量。

4. 语句错误

错误 1：

英文提示：divide or mod by zero

中文提示：被 0 除或对 0 求余

改正方法：

0 不能作除数，因此当出现如"int i＝1/0;"这样的语句时，编译系统会报错。这种问题的出现一般是键入出错。检查对应行的语句，修改除数。

错误 2：

英文提示：more than one default

中文提示：default 语句多于一个

改正方法：

switch 语句中只能有一个 default，代码中的 default 多于一个。检查 switch 语句，删除多余的 default。

错误 3：

英文提示：switch expression not integral

中文提示：switch 表达式不是整型的

改正方法：

switch 表达式必须是整型（字符型）的，代码中的表达式不是整型数据，例如"float a; switch(a)｛｝"中 a 不是整型变量，造成错误。检查 switch 的表达式，将其修改为整型表达式。

错误 4：

英文提示：case expression not constant

中文提示：case 表达式不是常量

改正方法：

case 表达式应为整型（字符型）常量表达式，例如，case "a"中的"a"为字符串，这是非法的。检查各 case 分支，改正不合法的表达式。

错误 5：

英文提示：'type'：illegal type for case expression

中文提示：'type'：case 表达式类型非法

改正方法：

case 表达式不是一个整型常量（包括字符型），检查所有的 case 表达式，改正其中不是整型常量的表达式。

错误6：

英文提示：term does not evaluate to a function

中文提示：术语无法被识别为函数

改正方法：

引起这个错误的原因有很多，例如，如果函数参数表达式写法有误，或者变量与函数重名，又或者变量后面误写了()，被误用为函数。如下面的语句：

```
sqrt((s-1)(s-2))
```

作为参数的表达式不对；再如，

```
int i,j; j = i();
```

i是变量，由于后面跟了()，编译器认为是函数，但找不到函数的声明或定义，所以出错。这时需要检查函数名称，改正错误的参数表达式或误用的变量名。

错误7：

英文提示：'xxx' : undeclared identifier

中文提示：未定义的标识符 xxx

改正方法：

xxx 标识符没有声明或定义。引起这个错误的原因可能有两类：一类是程序中没有包含所必需的头文件，例如在使用 scanf、printf、sqrt 等函数时没有引用 stdio.h 和 math.h，这时需要检查头文件的引用是否完整；另一类是未定义变量、数组、函数原型等，这时需要注意检查拼写错误或区分字母大小写。

错误8：

英文提示：redefinition of formal parameter 'xxx'

中文提示：重复定义形式参数 xxx

改正方法：

函数首部中的形式参数不能在函数体中再次被定义。检查函数体，删除函数中与形式参数重名的变量。

错误9：

英文提示：function 'xxx' already has a body

中文提示：已定义函数 xxx

改正方法：

在 VC++早期版本中函数不能重名，在 VS2010 等新版本中支持函数的重载，函数名可以相同但参数不一样。如果出现这种错误，则检查函数的命名，改正重名的函数。

错误10：

英文提示：illegal indirection

中文提示：非法的间接访问运算符"＊"

改正方法：

通常对非指针变量使用了"＊"运算，会出现这种错误。检查指针运算符的使用，判断使用错误的地方,并改正它。

错误 11:

英文提示:'operator' needs l-value

中文提示:操作符需要左值

英文提示:'operator': left operand must be l-value

中文提示:操作符的左操作数必须是左值

改正方法:

C 语言中规定左值是能够被赋值的变量。赋值运算符、自增、自减以及组合赋值运算符都会执行赋值操作。而很多表达式是不能被赋值的,即不能为左值。例如,

```
(a+b)++;
```

"++"运算符要对 a+b 自增,而自增运算符的左值必须为变量,因此这种运算无效。需要检查这些运算符,分析这些运算符的左侧是不是能被赋值。

错误 12:

英文提示:cannot add two pointers

中文提示:两个指针量不能相加

改正方法:

两个指针变量可以执行减法运算,不能执行加法运算。这种错误通常是由于遗漏了指针运算符"*"引起的。需要检查指针运算是否正确。

错误 13:

英文提示:missing 'token1' before 'token2'

中文提示:在符号 token2 前漏写符号 token1

英文提示:missing 'token1' before identifier 'identifier'

中文提示:在标识符 identifier 前漏写符号 token1

改正方法:

语句中可能缺少"{"、")"或";"等符号,造成编译器无法判断整个语句的执行操作。检查错误提示中给出的错误位置,分析是否缺少上述符号,补上遗漏的符号或修改使用出错的符号。

错误 14:

英文提示:missing ')' before type 'xxx'

中文提示:在 xxx 类型前缺少')'

改正方法:

一般是在调用函数时,写了实参的类型,例如,需要调用函数 prime 来判断素数,结果调用语句写成了

```
i=prime(int n);
```

这时编译器认为在类型出现前就应该结束函数的调用,即出现')'。检查函数调用中是否出现实参类型,将类型删除。

5. 连接运行错误

错误 1：

英文提示：cannot open file "Debug/xxx.exe"

中文提示：无法打开文件 Debug/xxx.exe

改正方法：

编译路径下没有找到生成的可执行文件 xxx.exe，通常需要重新编译连接。造成这个问题有多种原因，一种可能是可执行文件被杀毒软件当作异常程序删除，这时需要暂时退出杀毒软件，保证能生成可执行文件；另一种可能是源文件编译之时就存在问题，因此没有生成可执行程序。

错误 2：

英文提示：cannot open Debug/xxx.exe for writing

中文提示：不能打开 Debug/xxx.exe 文件来改写内容

改正方法：

这种情况经常出现在调试过程中。一般是由于 xxx.exe 还在运行，未关闭。因此无法被更新。此时，关闭调试窗口，重新编译，即可解决这个问题。

错误 3：

英文提示：one or more multiply defined symbols found

中文提示：出现一个或更多的多重定义符号

改正方法：

在一个项目中有多个源文件，每个源文件中命名了相同的全局变量名或者存在同名的函数时可能出现这种错误。这时需要对标识符进行修改。

错误 4：

英文提示：unresolved external symbol_main

中文提示：未处理的外部标识 main

改正方法：

一般是 main 拼写错误，例如 void mian( )。这是很多初学者易犯的错误。需要检查main 的拼写是否正确。

错误 5：

英文提示：_main already defined in test.obj

中文提示：main 函数已经在 test.obj 文件中定义

改正方法：

由于一个项目的多个文件中都定义了 main，因此在程序的工作空间中出现了多个main 函数。删除源文件中不需要的 main 函数，或者在项目中删除不需要的文件，即可改正这个错误。

附录 C　电子资源

实验 PPT

源代码(习题+实验)

参考试卷答案

参 考 文 献

［1］ KERNIGHAN B W,RITCHIE D M. The C Programming Language［M］.2 版.北京：清华大学出版社，
1996.

［2］ 谭浩强.C 程序设计［M］.5 版.北京：清华大学出版社,2017.

［3］ 陈卫卫,王庆瑞.C/C++程序设计［M］.3 版.北京：机械工业出版社,2019.

［4］ 谭浩强.C 程序设计学习辅导［M］.5 版.北京：清华大学出版社,2017.

［5］ KING K N.C 语言程序设计：现代方法.修订版［M］.吕秀峰,黄倩,译.2 版.北京：人民邮电出版
社,2021.

［6］ 未来教育.2021 年全国计算机等级考试二级 C 语言上机考试题库+模拟考场.北京：人民邮电出
版社,2021.

［7］ http://www.itheima.com/news/20171116/141021.html,2021.

图书资源支持

感谢您一直以来对清华大学出版社图书的支持和爱护。为了配合本书的使用，本书提供配套的资源，有需求的读者请扫描下方的"书圈"微信公众号二维码，在图书专区下载，也可以拨打电话或发送电子邮件咨询。

如果您在使用本书的过程中遇到了什么问题，或者有相关图书出版计划，也请您发邮件告诉我们，以便我们更好地为您服务。

我们的联系方式：

教学资源·教学样书·新书信息

地　　址：北京市海淀区双清路学研大厦 A 座 714

邮　　编：100084

人工智能科学与技术
人工智能|电子通信|自动控制

电　　话：010-83470236　010-83470237

资料下载·样书申请

资源下载：http://www.tup.com.cn

客服邮箱：tupjsj@vip.163.com

QQ：2301891038（请写明您的单位和姓名）

书圈

用微信扫一扫右边的二维码,即可关注清华大学出版社公众号。